INTRODUCTION TO
FASHION BUSINESS

时尚商业概论：
从传统到数智化

冷芸 著

中国纺织出版社有限公司

内 容 提 要

本书是一本融会贯通了"新老"时尚体系中消费者、产品、品牌、营销等要素，定位于"通识教育"的书作。"新老"体系是指"传统体系"与"数智化体系"，双体系的呈现是为了体现时尚行业正在经历的"新老交替"阶段。本书包含理论与实操技巧，也有企业案例与个人职场发展故事，适合所有与时尚相关的专业学生、创业者、职业人士、跨行转型者以及为时尚业提供服务的科技公司、展会公司等。

图书在版编目（CIP）数据

时尚商业概论：从传统到数智化 / 冷芸著 . -- 北京：中国纺织出版社有限公司，2023.8

ISBN 978-7-5229-0219-7

Ⅰ.①时… Ⅱ.①冷… Ⅲ.①服装工业—概论 Ⅳ.①TS941

中国版本图书馆 CIP 数据核字（2022）第 254068 号

SHISHANG SHANGYE GAILUN: CONG CHUANTONG DAO SHUZHIHUA

责任编辑：亢莹莹　魏　萌　　特约编辑：谢冰雁
责任校对：寇晨晨　　　　　　　责任印制：王艳丽

中国纺织出版社有限公司出版发行
地址：北京市朝阳区百子湾东里 A407 号楼　邮政编码：100124
销售电话：010—67004422　传真：010—87155801
http://www.c-textilep.com
中国纺织出版社天猫旗舰店
官方微博 http://weibo.com/2119887771
北京华联印刷有限公司印刷　各地新华书店经销
2023 年 8 月第 1 版第 1 次印刷
开本：710×1000　1/16　印张：18
字数：360 千字　定价：98.00 元

我为什么要写这本书？

在教学过程中，我发现在时尚产业有一个普遍性的问题，即大部分人只了解他（她）涉足工作的那一部分，而对其他部门同事相关的岗位部分并不了解。例如，设计师知道衣服是如何被设计和开发的，但除了小部分资深设计师，很多设计师既不知道衣服是怎么卖出去的（营销环节），也不知道衣服是怎么做出来的（制造环节）。虽然在读大学期间，学生都自己做过衣服，但是个人制作与工厂批量生产衣服，无论是工艺、技术，还是流程和成本的管控上，两者差异都很大。服装买手也面临同样的问题，很多买手既没有下过工厂，也没有去店铺做过销售（无论线上还是线下），但是他们却承担着为消费者购买衣服的采买责任。如果买手自己都不曾与消费者直接沟通，观察他们是如何买衣服的，又如何为他们采买衣服呢？比如说生产端的人，只知道自己要做的跟单和质检工作，却并不知道当这些产品离开工厂进入店铺后，销售人员是如何售卖这些衣服，以及消费者又是如何买这些衣服的。

总之很多人在一个岗位上做了很多年，他们仅仅熟悉的是自己的一块小田地。在传统时代，这样的"专注"代表了"专一"，但是在今天及未来的时尚行业，这种"专注"则显得知识面过于单一。

1."专注"在单一的领域会让个人的职业发展路径非常狭隘

众所周知现在的就业竞争压力非常强。即使一个还未踏出校园的人，也许也听到过"35岁门槛"这样的就业问题。35岁的门槛不是一个正确的社会现象，但它却是一个当下许多人面临的现实问题。

为什么会有35岁门槛？除去一些社会因素之外，很大一部分原因就是因为个人长期只在一个岗位发展，导致个人工作技能与知识非常单一；但同时，因为工作年限长，工资要求又高。从公司的角度来说，企业要给他们配得上其10年以上经验的工资，但是这样的工资下，员工又只能发挥单一的技能，对于企业来说性价比太低，所以他们情愿启用更年轻的人。

我曾经为企业推荐过些人才。曾有一位候选人，其背景原本看上去非常好，工作过的都是世界五百强公司，但是当我仔细研究他的职业发展路径的时候，我就知道他没有办法获得新的工作机会了。他当时40岁，近20年里，自始至终只做了一件事，就是商品企划工作。这是一个很细分的岗位。这使得他去竞争更高级岗位时，就显得经验过于单一。企业完全可以找到一个30岁的人来替代他。

我还有个学员，她做的公司也都很有名，而且做得非常稳定。她从毕业到30岁的时候就做过两份工作，一份工作做了2年，另一份做了8年。但是这10年里，她几乎没什么晋升，也没拓展过新岗位。10年里，都只是在做商品专员。我告诉她，10年里只是聚焦在这种螺丝钉式岗位的经历，会让她未来的职业发展过于单一。她自己也承认现在30岁，确实遇到了职业瓶颈，所以她自己也很焦虑。

2. 当下的市场需要的是复合型人才

单一技能人才除了对企业性价比不够高外，这种狭隘的职业发展道路也不适合当下市场对复合型人才的需求。

大家一定也感受到了，现在行业的问题正变得越来越复杂。单一的技能、单一的专业或者单一的知识体系已经很难去应对日趋复杂的世界。所以从人才发展来说，企业对人才的需求，正在从单一的技能要求发展成为"复合型人才"，也就是"π型人才"，即一个人至少有两个有深度的专业，同时还具备知识面上的广度。30年前，一个人只要有一个专业，就可以靠这个专业应对一辈子的工作；而今天，即使你有一个很好的专业，也很难靠这个专业支撑自己的工作直到退休，淘汰时刻随时发生。

所以这本书也是为了让大家成为"复合型人才"而准备的。

3. 帮助大家了解自己的上下游

一个人如果只了解自己的岗位，而对自己上下游岗位并不了解，就很容易造成与上下游同事合作产生矛盾的问题。这也是现实中为什么很多岗位同事会有争执的原因——因为他们根本无法理解跨部门同事的工作究竟是如何进行的。

例如，没有做过设计的人都觉得做设计师是件很简单的事情：他们既不需要像销售那样背负销售指标，也不需要像生产部同事那样跑工作条件远不如办公室的工厂，要被风吹雨淋；更不需要像店员导购那样一天站12小时。他们只要网络上搜搜图片，问供应商买一些面料辅料，然后画一些草图即可。但如果真的问设计师们，我想没有多少设计师会定义自己的工作是"舒服与休闲的"，他们的工作其实与其他同事一样辛苦。所以试想一下，如果今天你是一位设计师，你是更愿意与一位理解设计师是如何工作的销售同事共事呢？还是与一位对你的工作一无所知的同事共事呢？

这本书会帮到哪些人？

1. 正在接受与服装相关教育的学生们

无论你是从事服装设计还是服装商科，借此机会了解一个完整的、更新的、真实的时尚行业都是非常重要的。在对行业有了更加完整的认知后，除了帮你更好地完成你的专业，本书也能帮助你更好地选择好自己未来的职业岗位。

2. 已经在时尚行业工作的职场人士

本书也非常适合正在时尚业工作的中高层管理者与基层操作职员。通过本书，大家可以了解自己岗位的上下游关系、行业发展全貌、发展趋势，以及这些现状与趋势又将如何影响企业发展及个人职业发展。不过，需要澄清的是，本书并不是一本帮助读者深度挖掘某专业岗位的书，比如，这本书并不会让你成为资深设计师、买手或者跟单员，而是让你对行业的每个环节有一个相对深刻及全面的认识。

3. 创业者

近几年，更多的人加入了创业者团队，我甚至遇到了不少的大学生创业者，他们不一定是服装学院的学生。而创业者实际上是一个"万金油"的角色——什么都要懂的人。而我碰到的很多创业者，他们的第一个痛苦就是，即使你拥有某种优秀才华（比如设计），也不代表你就会创业成功！才华与创业成功之间还有很长的一段距离，这段距离就是"商业化"的距离。而本书即是领你入门"商业化"的行业书籍。

4. 转型者

在过去的几年中，我也经常碰到半路转型者。他们原本不在时尚行业，也没有学过相关知识，但都特别热爱时尚，想踏入这个行业。但他们面临着一个具体困难：因为原本对这个行业并不了解，所以一旦踏入看到了"真相"，就会感受到"与自己想得不一样"！比如很多人原以为买手可以经常看秀、看明星、采买漂亮的衣服，她们（大多数是女性）觉得自己时尚品位不错，就渴望成为一个买手。真正踏入后发现，现实中的买手主要坐办公室做大量的数据分析，就很失望。而本书，同样能解决这类人的困惑。

5. 服务于时尚行（企）业的相关跨行公司

近年来也诞生了许多的跨行企业，他们大多来自科技公司，希望用科技产品为时尚行业赋能，比如，AI时尚科技公司、时尚软件公司等。这些公司拥有科技，但却缺乏对整个行业全貌的了解，更不知道时尚业的相关具体痛点问题。本书可以帮助这些企业快速掌握时尚业的全貌。

本书有哪些特点？

市场上已经有些看似类似主题的出版物。那么这本书又有什么特别呢？

1. 本书全面反映了当下新老交替的现状

以下用案例来说明什么是"新老交替"。

在传统时代，通常由公司的一群专家团队（设计师、买手、商品企划等）来决定消费者可能需要购买什么样的产品，并依照他们的"以为"（其实是"经验"）来决策商品计划，然后由设计师团队（产品部）按照这个计划来开发产品。随后企业会召开经销商订货会，将开发出来的产品进行展示，随后向经销商收集订单。然后企业再把订单分发给各个工厂。工厂做完大货后，交给企业的总仓，再由总仓按照商品部的配货单，将货品分发给各个店铺。现今，大部分的以实体店为主的服装公司依然是按照这个模式来操作的。

而今天，在数字化的浪潮之下，相当一部分有先进理念的企业，已经不再依靠企业内部专家团队的经验来决策开发产品，而是通过消费者在消费过程中留下的"数据"（通常在企业系统后台），或者邀请消费者一起参与产品开发而完成产品计划及开发阶段的❶。所以大家会发现本书的目录也不同于其他已出版作品。大多相似主题的出版作品都从产品开始，逐步再涉及生产、营销等，甚至他们都不涉及消费者章节；而本书是从消费者开始写起，恰恰体现了当下行业内"以用户为中心"的商业理念。

因此，本书既会涉及传统时尚行业，也会涉及当下及未来的发展趋势。让大家踏入这个行业的时候，无论面对传统型企业还是新型企业，都能获得通识性的了解。

2. 数智化

几乎整个社会都在步入"数智化"，时尚行业也是如此，且这一点在2020年之后就更加明显了。2020年之前就相信数智化是未来的企业，因为已经布局了数智化，明显相对受不确定因素的影响要比那些原本不相信数智化的企业小得多。因此"数智化"也是本书的一个重要关键词；而这一关键词在其他相关出版作品中提及的不多。

3. 实操性

实操性则是本书的另外一个特点。作为一个自1996年就在这个行业工作至今的人，我是中国时尚产业快速发展的亲历者与见证者。同时，作为一个时尚专栏作家与独立学者，我平日也有机会采访大量的业内人士、企业家，借助他们的视角了解这个行业。我也是一位时尚商业培训导师，通过过去近6年的行业培训，我积累了大量的现实案例。这些案例都会在本书中得到适当的体现。

4. 融会贯通的知识体系

本书力争能囊括这个行业的各个方面，既包括这个行业的构成与运作机制、经营策略、当下的困惑与挑战，也包括了简单的人文历史，以及常见的组织架构与岗位介绍。

这种看似有违传统的"专而深"原理的写法，恰恰是我对这个行业近10年发展的思考结果。从一个在职（商）场上发展事业的个体而言，我们所面对的工作内容并非是按照所谓的专业割裂的。事实上，职场上我们经常需要面对的并不是在我们专业领域内的事情，比如，对跨部门工作的了解，或者对整个行业背景的

---

❶ 至于具体怎么做到这点，会在后面的章节详细介绍。

了解。而当一个人拥有某种"融会贯通"较为全面的知识体系后，无论是对自己专业领域的工作还是跨部门合作，都会因为拥有更广泛的视野而对工作有不同的思考，而本书就是为了提供这种"融会贯通"的知识体系。

5. 丰富的案例

本书几乎每一章都包含了至少两个案例，这些案例大多基于一手采访资料，不仅包括知名企业，也包括中小企业。

6. 雅俗共赏

本书中既有理论，也有生动的案例。在叙述方面，多采用"讲故事"的形式，以深入浅出的方式让读者理解这个行业。所以，无论你是一个刚开始了解这个行业的小白，还是已经在这个行业工作多年的专业人士，我期待你都会从中发现一个新的世界。

本书是以品牌视角来呈现整个行业的产业链的，有别于从百货业、制造业审视的角度。

本书结构

1. 本书主要分为四大篇章，共12章❶

定位篇	产品篇	营销篇	未来篇
▪时尚体系概览 ▪品牌 ▪时尚消费者	▪时尚产品开发与设计 ▪产品制造	▪销售之实体店零售 ▪私域销售 ▪直播带货 ▪数字营销 ▪时尚媒体 ▪时装周	▪未来的时尚

（1）定位篇：本篇由三部分组成。时尚体系概览、品牌定位与时尚消费者，特别是中国时尚用户画像及审美认知。

（2）产品篇：本篇由两部分组成。产品开发（设计）与制造。

---

❶ 书中小部分内容来自作者的课程部分，这些内容也在作者直播间与公众号里出现过。

（3）营销篇：本篇具体包括实体店销售、私域销售、直播销售、数字化营销，以及在营销环节中扮演重要角色的"媒体"与"时装周"。

（4）未来篇：本篇重点介绍了整个时尚行业未来的发展趋势。

2. 每一章的主要构成

（1）概念、术语与理论："术语"在这里也可以被理解为"行话"。为什么每一章节开端都要介绍一些术语和它们的定义呢？其一，同一个词语在不同的企业含义可能是不一样的。为了避免造成误解，我会在本书中和大家解释在学术界以及行业内对这些专业词汇的主流理解。其二，也是厘清一些可能在业内有些含糊不清的词汇定义。

作为一个行业的实践者，同时也是博士学位的拥有者，我也会在本书中将相关的经典理论呈现给大家。这些经典理论解答了事物的本质，让大家能更加深刻理解时尚行业运作的底层逻辑。

（2）时尚业的特殊性：主体内容也会涉及时尚业与其他的日用消费品究竟有什么区别？例如，MBA也在教管理课，为什么那么多大学还要专门针对时尚产品开一门"时尚商业管理"课呢？如果时尚消费没有什么特别，那么大家去读一般的营销专业或者经营管理课也就够了。所以了解到时尚商品的特别性，也是本书会涵盖的内容之一。

（3）传统运作：传统系统下，时尚体系运作机制是如何的？其中面临的问题又是怎样的？其主要组织架构与岗位要求又是怎样的？

（4）数智化运作：数字化又如何影响了当下时尚体系的运营？目前其数智化进展如何？未来发展趋势是什么？

（5）采访：为了让大家从更多视角、并且更生动地理解时尚行业，这部分将通过个人采访的形式让大家来认识时尚业。我所采访的对象都是今天这个行业中流砥柱的人物，在行业内有多年工作经验。因此，通过这些行业资深人士的个人视角，大家其一可以了解传统与数智化行业的不同，以及转型过程中的痛点问题；其二可以通过他人的职场经历，反思自己希望如何在这个行业发展自己的职业。

（6）案例：相对于"采访"的注重于"人物"，案例部分则更加注重呈现企业发展。

（7）小结：本部分以卡片形式来小结本章节，以加深读者记忆。

（8）练习：练习是为了引发大家对行业与岗位的思考，并将自己所学所思付诸实践，以证明自己消化了本章节课程的过程。当然，商业本身没有标准答案，但会有商业逻辑。欢迎读者们将自己对练习的思考通过我个人微博或者知乎账号（冷芸时尚博士）私信反馈给我。我会抽取一些非常有代表性的答案分享在社交媒体上，并且若能有幸得到读者们的厚爱让本书有再版的机会，我会在新版本中抽取一些优秀答案进行点评。

最后，也感谢本书中所有采访对象，他们都是国内时尚行业的资深人士。我相信他们的视角将极大地丰富读者们对行业了解的宽度与深度。

2022 年 9 月

采访全　　　案例全

目录 CONTENTS

02 产品篇

第四章 时尚产品开发与设计：从实物采样到虚拟3D

第五章 制造业：从传统到数字化工厂

03 营销篇

第六章 销售之实体店零售

01

定位篇

第一章　时尚体系概览

第一节　定义、概念与理论

一、时尚定义

本书对"时尚"的定义是指以人体装饰为主的产品，其中以鞋服为主，还涉及配饰（帽业、袜业、头饰等）与美妆护肤品，以及与时尚业相关的行业生态链，包括媒体、时装周等。

二、时尚体系构成

整个时尚行业由两大主要体系构成，"制造（衣服）者"与"营销（衣服）者"。前者做出产品，后者则设法通过各种营销手段将产品卖出去（图1-1）。

但显然，在今天如此复杂的商业环境中，仅仅这样理解还不足以体现时尚行业的复杂程度。

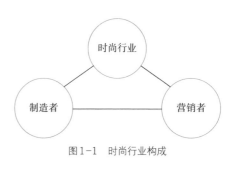

图1-1　时尚行业构成

（一）时尚体系的构成

如图1-2[1]所示，时尚体系的形成可以被分为上下两层：

一层是"物质"层面。在这个层面，产品由设计师设计、供应商制造出来，

---

[1] 该理论图根据罗兰·巴特（Roland Barthe）《流行体系》里的理论以及文化制造（Cultural Production）相关学术理论制作而成。

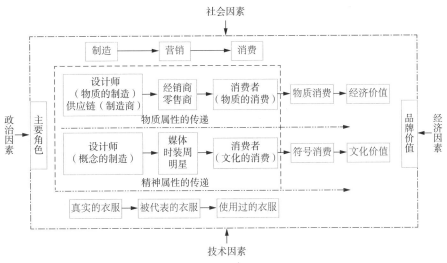

图1-2 时尚体系

他们完成了服装产品的实物制作过程；这些产品被从工厂运到店铺（包括零售商、批发商、电商仓库），最后由消费者购买回去。在这个层面，消费者购买的是产品的物质与经济价值。

另一层则是时尚的"符号"层面，而这也是时尚产品与其他日用品相比，更为值得探索的方面。设计师设计产品时，赋予产品某种概念（思想），这种概念被媒体、时装周等传播渠道传播，最终被消费者吸收。在这个层面，时尚产品是被作为一种具有精神含义的文化产品从品牌方传递给了消费者。在这个层面，消费者购买的是时尚的文化价值。

当时尚的物质价值与文化价值汇合，它们就构成了一个"品牌"的价值。

因此，著名符号学家罗兰·巴特在他的经典著作《流行体系》[1]中，将服装分为了三种："真实的（物质的）服装""被（符号）代表的服装"以及"（由消费者）使用过的服装"。在本书中，我们将对该体系里涉及的流通环节（设计、制造、销售、传播、消费等），以及三类服装都进行探讨。

时尚深受政治、经济、技术与社会的影响。这也使得时尚业的工作既比一般行业更为有趣，但也更为动荡不安。在本书中，也将多次呈现时尚业这种变化多端的形态。

[1] 罗兰·巴特. 流行体系[M]. 敖军，译. 上海：上海人民出版社，2016.

（二）时尚市场规模❶

全球整个时尚行业规模有多大？截至2020年，欧睿预估该行业经济规模大约为1.7兆亿美元，麦肯锡则预估其为2.5兆亿美元规模。尽管2020—2022年的不确定因素对整个行业都产生了巨大的影响，但时尚行业经济规模依然是全球最大的行业之一。

这其中，中国的时尚消费市场最大，截至2021年，中国时尚消费市场约近4300亿美元。仅次于中国的是美国市场，约3600亿美元。排名第三的是英国市场，约为700亿美元。

中美是全球最大的鞋服消费市场并不令人意外。不过结合人口数据，从人均数据来看，中国人均年消费时尚用品大约为1800元人民币，而美国人均年消费时尚用品为6000~7000元人民币。从这点来看，中国时尚用品未来的消费增长空间还很大。

另外，在品类构成上，截至2018年，全球女装消费约占所有服饰品类的53%，男士31%，童装约16%。这与我们平时的认知大致相符。

三、全球化中的中国时尚体系

中国时尚体系在全球中到底处于什么地位？何时我们可以期待看到更多的中国时尚品牌出现在全球化市场中？ 这几乎是很多从业者都会问的问题。在回答这个问题前，我们先来看下美国的时尚业发展简史。之所以选择美国，是因为美国在发展路径上与中国有许多类似之处。而且两个市场地理面积都很大，且都是多民族（族裔）国家，文化非常多元。

（一）美国时尚体系的发展❷

虽然工业革命起始于纺织机械的诞生，并诞生于英国，但是美国却是全球第一个将服装工业化的国家。这与美国当时南北战争（1861—1865）需要大量的军服

---

❶ 本部分数据主要来源于欧睿信息咨询有限公司（欧睿，Euromonitor International）与麦肯锡咨询有限公司（麦肯锡）。

❷ Givhan R. The Battle of Versailles：The Night American Fashion Stumbled into the Spotlight and Made History[M]. New York：Flatiron Books，2016.

有关。所以差不多到了19世纪末的时候，美国日常很多人已经开始从商店买成衣了。在这方面，美国服装消费与其他国家包括中国有所不同，此时其他国家的顾客大多还在请裁缝定制衣服。

当时美国服装的制造中心主要在纽约。纽约是港口城市，接纳了很多来自欧洲的犹太移民。这些犹太移民他们就成了最廉价的劳动力，所以促进了整个纽约的服装生产的发展。纽约至今还有一个街区叫"服装区"（garment district）。这个地方曾集合了几乎所有服装相关的供应链资源。

当制造业逐步走向发达时，有些美国设计师也想成为巴黎当时高级定制屋的主人那样的设计师。当时的巴黎，是全球唯一的时尚中心。如同今天中国的设计师一直想打破由西方主导的时尚体系一样，美国设计师从20世纪初就在为这个目标而努力。但是如同20世纪80~90年代的中国服装设计师一样，美国设计师也被要求看杂志、抄款、改款……

经过二三十年的苦熬，美国设计师的第一次机遇来到了。1943年，因为"二战"原因，无论是买家还是顾客都没有办法飞往巴黎去买货。一个名叫伊莲娜·兰柏（Eleanor Lambert）的人，组织了全球第一个时装周——"纽约时尚媒体周"，也就是今天纽约时装周的前身。这个是第一次所有的媒体与设计师集中在一个空间和时间段里展示自己的时装作品。在此前的巴黎，只是每个高级定制屋各自在自己的空间里以沙龙形式向顾客展示产品。

伊莲娜是美国时尚产业的奠基人之一。其本人做公关（PR）出身，所以有很多媒体资源和社会资源，她一直都想促进美国时装设计师的发展。她坚信，美国时尚、美国设计将与"法国时尚""巴黎设计"产生一样巨大的全球影响力。

但这全球第一次的时装周并没有将美国设计师立刻推向他们的巅峰时刻。他们在此后依然长期默默无闻。从时尚体系而言，当时的美国几乎已经拥有了全球时尚的话语权：Vogue、WWD（《妇女日报》）都来自美国，且也都是全球最早的时尚媒体，它们在当时都颇有影响力，但编辑们的眼睛只看得到法国设计师。而在销售端，美国的高端百货商场也只愿意将采购预算贡献给法国品牌；消费者更是如此，富豪太太们情愿每季飞到巴黎去采购，也不愿在本地市场消费。

直到1973年，决定美国设计师命运的时刻又来到了。1973年，依然是伊莲娜·兰柏，通过多方撮合，最终邀请了法国5位设计师，然后又从美国组织了5位设计师去法国凡尔赛宫举行了一场法国和美国设计师的现场比赛。观众几乎囊括了当时欧洲诸多名流，包括媒体、名媛，以及皇室家族。法国派出的 5 位设计师分别是：纪凡希（Hubert De Givenchy）、皮尔·卡丹（Pierre Cardin）、伊夫·圣罗朗（Yves Saint Laurent），迪奥（Christian Dior）品牌当时的设计总监 Marc Bohan（当时迪奥本人已经过世）以及恩格罗（Emanuel Ungaro）。美国当时派出的设计师则是奥斯卡·德拉伦塔（Oscar De La Renta），史蒂文·伯顿（Stephen Burtons），霍斯顿（Halston），比尔·布拉斯（Bill Blass）与安妮·克莱因（Anne Klein）。

最终美国设计师大获全胜，原因似乎也很简单，法国设计师当时根本没有重视这场 PK 赛，他们觉得相对于法国悠久的时尚历史，美国人哪有什么设计？"轻敌"是法国设计师"失败"的原因之一，但这并非唯一的原因。另外一个原因则是美国设计师走了一条与当时法国高级定制设计很不一样的风格道路。法国高级定制讲究的是"精致""高贵"与"完美"。美国人就用美国人特有的"休闲""运动"以及"简洁"的裁剪"打败"了他们的对手。

不过，美国设计师真正开始走向世界的舞台并产生影响力始于 1980—1990 年。现在较为人所知的比如卡尔文·克雷恩（Calvin Klein）、唐纳·卡兰（Donna Karen）、奥斯卡·德拉伦塔（Oscar De La Renta）、拉夫·劳伦（Ralph Laurent）、汤米·希尔费格（Tommy Hilfiger）等主流品牌几乎都形成于这个年代。他们一起形成了"美国时尚"品牌影响力，让美国时尚在世界舞台上终于开始绽放光芒。

所以，美国时尚体系的发展历史，总体可被概括为："制造中心——消费中心——设计中心。"

美国首先借着犹太人移民获得了大量的廉价劳动力，从而让纽约成为其服装"制造中心"。随着其商业的发展，更多富豪的诞生，它又成了时尚的"消费中心"。最终经过几代设计师的奋斗，让纽约成为全球"四大"时装周之一❶。

（二）中国时尚体系的发展

比较中国时尚产业的发展，从 20 世纪 80 年代到今天，我们走了一条与美国非常类似的道路：也就是从 1990—2000 年的全球"制造中心"，到成为现在的全球

---

❶ 其他三大时装周分别为：伦敦、巴黎与米兰时装周。

"消费中心"。

1980—1990年，我国首先大力发展了纺织服装制造业，并最终在1994年成为全球最大的纺织服装出口国，成了名副其实的全球纺织服装制造中心。到今天，虽然因为各种环境因素，中国的贸易出口一直饱受干扰，但这并没有从本质上影响中国作为全球纺织服装供应链的战略地位。

2000年至今，中国作为全球"时尚消费中心"的地位已不言而喻。而中国何时能出现具有全球影响力的时装之都以及品牌，本书也将在最后两章："时装周"与"未来的时尚"部分呈现。

第二节 转型中的时尚业：从旧体系到新体系

一、传统服装企业

"传统企业"在本书中的定义是指以实体店模式为主的企业。他们中有的带有电商部门（线上业务），有的则可能只有实体店。

（一）传统产品开发流程

我们先来看看，对于一家规范的传统服装企业，其从产品开发到上市是怎样一个流程？之所以使用"规范"这个词，是因为图1-3代表了一般性业绩表现较好的品牌公司的较为完整的流程，但这不代表现实中每家传统型企业都会这样做。以及在细节操作方面，每个企业也都各有特色。本部分只以提纲挈领的形式呈现宏观流程，细节操作部分将在后面的章节予以具体体现。

调研　战略　企划　设计　打样　订货　生产　上市

图1-3 传统服装企业的产品上市流程

1. 市场调研

传统企业通常会以"市场调研"开启一个新季的开发流程。其目的是让品牌对历史数据、消费者及竞品情况做一个有效的复盘，以便对未来做一个尽量可靠的预测。

2. 战略规划

在调研完毕后，便进入了战略规划阶段。相当多的鞋服企业是没有战略规划部门的，但这不代表他们不会思考战略问题。用一句简单的话来概述，"战略规划"即是一家企业发展的"顶层设计方案"：公司接下来1年（或者3年、5年）我们将走向哪里（目标）？如何走向目标？为什么这个是我们应该达到的目标等。

战略规划受很多因素影响。但就总体而言，主要受以下要素影响（图1-4）：

图1-4 影响战略规划的要素

（1）PEST，代表"政治（politics）""经济（Economics）""社会（Society）""技术（Technology）"，这也就是我们平常所说的"受环境影响"的"环境"要素。

（2）行业，包括竞品的发展情况与趋势也会影响一家企业的战略。

（3）企业自身情况，以及企业旗下各品牌发展，与商品的适合度都会影响一家企业的战略规划。

（4）品牌发展战略，大多数大型企业今天都会做多品牌矩阵模式。因此，企业之下还会有各个品牌不同的发展策略。

（5）商品同样需要发展策略，具体来说也包括了我们日常所说的商品企划与设计企划。

在战略规划上，一般流程如图1-5所示。

本书将在"第二章 品牌"中详解品牌的战略规划问题。

图1-5 战略规划流程

3. 商品企划

商品企划，在这里可以被理解为"商品的计划"，也就是一份关于商品的顶层设计（图1-6）。商品企划主要规划接下来一季品牌将开发什么商品？何时售卖？以多少钱售卖？在哪里卖？以及卖给谁？

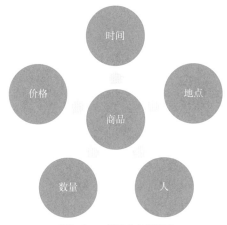

图1-6 一般商品企划要素

4. 设计

随后由设计师团队按照企划目标具体开发产品。

5. 打样

打样一般由企业的技术团队完成。对于服装产品，则主要由板师与样衣工完成。

6. 订货

大多数实体企业到今天还是采取了"直营店+加盟商"为主的零售模式。因此，他们大多还是会召开订货会，由各加盟商（店铺）订货后，再交由品牌公司统一向工厂下生产订单。目前大多数公司订货1年4季；设计师品牌则通常还是1年订2季。也有相当一部分公司则采取1年订货6~10次。高频次订货主要是为了提高订货的准确度，而高频次订货之所以成为可能也是因为信息技术的发展。一方面，现在有相当多的企业开始通过直播方式订货，另一方面，现在订货也不仅再依赖于手工作业，而是有较为便利的订货软件协助订货，这就极大提高了订货效率。

7. 生产

生产目前多由生产部，今天在大型企业这个部门被纳入"供应链"部，完成订单的生产与交付。

8. 上市

货品由仓库及物流配送到各个店铺。

（二）日历表

目前，传统鞋服品牌产品开发周期，女装基本在6~9个月；男装在9~12个月；体育、休闲类品牌在12~18个月。这仅仅是大多数情况，极少数的传统品牌可以做到2~3个月，甚至2~4周。在传统品牌中，ZARA是被公认的"快时尚"。它们的产品开发周期一般在2~4周。

时尚产品作为受季节影响非常大的一类商品，一份完整的年度日历表是业内人士必备的工具。几乎所有人的工作，都受这个日历表的影响。一般来说，日历表也分不同层级，比如，企业会有企业日历表，该日历表通常由企业高管参与制定与执行；根据企业日历表，再分级到旗下品牌、部门及至个人日历表（表1-1）。

传统企业一般都会用Excel制定日历表，但当下随着在线办公软件比如钉钉、飞书、企业微信的流行，企业与个人也可以使用在线办公软件的"共享日历"来做日历表。在线办公软件日历表最大的好处在于它可以通过授权模式允许所有相关人员编辑及使用，并且可以设置相关提醒功能，相对于手工做的日历表，它极大地提高了团队成员间协同作业的便利性。

表1-1　企业日历表

内容	1月	2月	3月	4月	5月	6月	7月	8月	9月	10月	11月	12月
年度市场调研（调研报告）										■	■	
年度战略规划（战略会议）											■	
秋冬季产品企划	■											
秋冬季产品开发与打样	■	■										
秋冬季产品评审			■									
秋冬季产品订货				■								
秋冬季产品生产					■	■						
秋冬季产品上市							■	■	■			
春夏季产品企划					■							
春夏季产品开发与打样						■	■					
春夏季产品评审								■				
春夏季产品订货									■			
春夏季产品生产										■	■	■
春夏季产品上市												■

表1-1仅是一个示范的日历表，事实上在今天需要高效运营的时代，企业需要的是一份更加精细的日历表。目前一些管理较为先进的企业在日历表上已经做到了如下更新：

（1）以周为单位将1年日历表做成52周的明细日历表；将一些关键时间节点以日为单位。

（2）在供应链端，针对商品有非常明细的、以日为单位的商品时间跟踪表。比如某款商品计划何时上市，何时入仓，何时需要完成订单等。不过，越精细化的管理，则越有赖于信息系统的管理。人工作业目前仅适用于小规模，比如一年的新款数量在数百款以内的企业规模。

（三）传统企业组织架构

企业的组织架构是非常个性化的，很难说有一套所谓行业标准化的组织架构。不过为了能让读者对企业运营有个总体认识，图1-7呈现了一般传统鞋服饰企业的组织架构。

到目前为止，绝大多数企业采用的还是这种被称为传统的"金字塔"结构图。包括主要业务部门，不包括诸如人力资源、财务、物流、IT等部门。至于部门与部门之间的关系，则不同企业设置会有不同情况。另外，超大型企业（比如国际一线品牌）与一般性企业在组织架构上差异也很大。前者的部门设置会非常细分，也就是我们通常说的"螺丝钉式的岗位"比较多。而在一般规模企业，组织架构则更加简单，每个部门分派的任务更多元。其中一些主要岗位的相关要求及具体工作内容将在后面每一相关章节再被展开讨论。

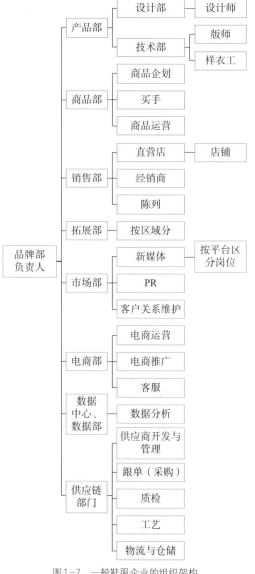

图1-7 一般鞋服企业的组织架构

1. 产品部

通常产品部包括设计部与技术部，但也有的企业会将两个部门分开。就总体而言，设计师主要负责产品的构思并最终将产品以图稿方式呈现出来，技术部则需要协助设计师完成实物制作。

2. 商品部

商品部在业内是一个经常被混淆的部门，其工作范畴与定义也不甚清晰。即使在欧美国家，这种混淆也存在于很多企业。这里与大家呈现的是一般情况下的理解。

商品管理一般分为三大环节（图1-8）。

商品企划　　　　买手(采购)　　　　商品运营

图1-8　商品管理的三大环节

（1）商品企划，即计划新一年度（季节）商品的规划，参见图1-6。

（2）买手，有的公司（人）将买手（也就是负责订购货品的人）称为"采购"。严格意义上来说，鞋服公司负责买货的买手与一般的采购（比如原材料）采购还不太一样。一般采购仅仅负责购买但并不负责所购货品的销售；而买手不仅对采购负责，还要对这批货品的未来销售负责。

（3）商品运营，指运营人员需要通过一系列的销售手段（比如促销、配货、货品调拨）等手段将货品尽快售罄。

3. 销售部

目前大多数有实体店铺的企业将销售业务分为"直营店铺"与"经销商（加盟商）"。除此之外，通常还有对于店铺运营很重要的陈列部门。有的企业将陈列部门单独罗列，有的则放在销售部。直营店铺在某些企业也可能被称为"零售"部。对于一些大型企业（比如国际一线品牌），销售部下面也会有自己的HR部门或培训部。这是因为实体店铺涉及的员工数量规模过大，一些大型公司店铺人数会上万。因此，需要单独为这个部门设置HR部门。

4. 拓展部

一般指渠道拓展。比如每家公司每年都会有开新店计划，这些新店主要靠拓展人员完成。

5. 市场部

市场部也是一个在业内定义非常多元化的部门。比如有的企业将其定义为纯粹的市场推广部门，所以只有做广告与公关（PR）投入的；也有的会区分"传统媒体（纸媒）"与"新媒体（社交媒体）"；有的会将客户关系维护（CRM）与市场调研也纳入该部门。不过就总体而言，市场部的主要存在目的其一是"广而告之"；其二是"维护好市场声誉以及与顾客的关系"。

6. 电商部

许多传统企业已经设立了"电商"部门，不过他们大多数还是将"电商"与"传统业务"区分两条业务线对待。客观上也因为这两条业务线无论是在时间要求、产品诉求还是运营模式上差异都很大。有的电商部门会有自己专门的产品开发团队。也有的则将该团队一起放在"产品部/设计部"下。除此之外，电商主要包括：运营（销售）、推广（获取流量）与客服三大版块。

7. 数据中心、数据部

随着数字化转型，有的公司也会设立专门的数据部门（中心）。这个部门有的会设置在IT部下，有的则独立于IT，但无论两者什么关系该部门都会与IT部门紧密协作。该部门一般主要负责数据相关的工作（收集、整理、分析等）。随后将数据分析结果提交给相关业务部门，指导各业务部门更好地开展自己后期的工作。

数据分析功能对于企业来说并非新功能。即使在几十年前，每家公司多少都会涉及些基本的数据分析工作。但时至今日之所以需要成立专门的部门，本质上还是因为数字化时代的到来，数据量变得庞大而复杂，它们很难靠一般的手工作业处理。要用好这些数据就需要专业人士来进行操作。

8. 供应链部门

"供应链"虽然不是一个新词汇，但是对于中国鞋服市场却是差不多自2010年开始逐步走向热门的词汇。今天的供应链部门主要包括了以前的"生产部""仓库管理"以及"物流（运输）"等部门。生产部门主要负责供应商开发与维护，以及订单跟进（跟单）与按时按质按成本预算、完成货品的生产任务，并将其交予仓库。最终再由仓库与物流部门完成发货任务。

如前所述以上只是一般传统企业目前采用的传统组织架构。也有的企业不再采用这种以业务流程为部门划分依据的组织架构，而是以品类为单位的形式划分组织架构。比如按照羽绒服、毛衣这样的产品品类划分组织架构；或者篮球、足球、健身这样的体育项目划分组织架构等。

二、电商企业

那么一般的电商服装公司又是如何开始整个产品的开发周期呢？相对于传统

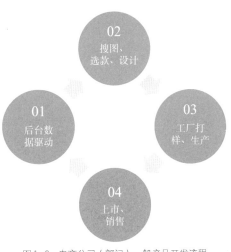

公司漫长却细致的流程，并看重"品质好"大过"速度快"，电商企业则通常以"（速度）快比（品质）好"为开发产品原则（图1-9）。电商企业一般产品开发周期在2~4周为主，对于一些复杂的款式则需要6~8周。相对于传统企业的6~12个月，电商之所以能做到如此快速，其一有赖于其天性的数据基因，与传统企业需要做大量的人工调研与人工数据分析不一样，电商的数据都是电商平台现成的存在；另外，在"速度"与"品质"之间，电商公司优先选择了前者。

图1-9　电商公司（部门）一般产品开发流程

（一）搜图"开发"

不少电商品牌并没有严格意义的设计部门，相当多的电商主要靠搜图、抄款、改款为主。不过，随着相关法律政策对知识产权要求的提高，以及产品同质化导致的竞争难度加大，越来越多的电商公司开始注重设计。通常他们的设计是从诸如像Instagram，或者类似于Vogue Runway这种提供时装周官方图片的平台，以及通过关注热搜词或者相关的博主，搜索到相关图片，再对图片进行分类汇总，然后结合品牌历史数据进行产品开发。

（二）打样

电商的产品打样与审核过程也比传统企业简化许多。传统服装公司大多会定制面料，单单这一环节就加长了整个生产周期；而电商为了追求快通常采购批发市场或者面料商的现货库存。在产品审核标准方面，也远不如传统企业那么高要求。

（三）预售或者测款

与线下需要召开订货会邀请经销商参加不同，电商没有"订货"这一环节。与传统企业另外不同的是，线上通常会预先从顾客那里收集订单，也就是"线上预售"模式——顾客先下单，店家收集了一定量的顾客订单再去给工厂下单。即使没有"预售"，商家也可以借助系统先进行"测款"。所谓的"测款"即先上传产品图片，通过用户对图片的点击量、加购（物车）、收藏等动作来判断产品的销售前景。如果测款效果不好，则商家可能会取消产品。

很明显，相对于传统企业更多地依赖于人工作业，电商更多则是根据系统后台的实时数据来定款定量，这使他们的灵活性大了许多。在产品上线后，电商还会邀请 KOL（关键意见领袖）、网红、博主一起产品推广。在产品被预售和推广的同时，1~2周的时间，产品大多也可以到仓。与此同时，店家会根据预售的数据以及每天实际销售的数据进行快速的补单。

因此，一般电商借助于网络先天的数据优势以及在产品原创与品质方面低于一般传统品牌的代价，换得了远比传统品牌更快的开发周期。对于电商企业，一般的产品从开发到上市周期在2~4周，对于一些较厚重复杂的诸如羽绒服、毛衣、厚棉袄等可能需要5~8周。

纯粹电商公司的组织架构相较于一般传统公司简单许多。这也是为什么五六个人也可以自己开一家小规模电商公司。一般30~50人便可以成就一家规模性电商公司。其一般组织架构主要包括：产品部（开发产品＋生产）、电商运营（销售）、推广（获取流量）、仓管、物流与客服等。

三、数字化企业

那么，一家数字化的时装企业又是如何完成整个开发过程的呢？

（一）数字化企业首先会利用大量的市场数据做用户洞察

在这方面，与前面所涉及的传统品牌的调研目的比较相似，但在手段与效率上则要高效许多。数字化企业拥有自己的数据中心，这些数据不仅仅整合了线上线下店铺的相关数据，并且会从外部社交平台网络（抖音、小红书、微博、

Instagram等）通过一些技术手段捕捉相关内容。比如，相关的网络热搜词、热搜图片、对本品牌与竞品的评论等。这些数据都有助于企业分析当下什么样的产品可能正在走热？消费者的穿衣与购物痛点可能是什么？为什么某些款式卖爆了？为什么某些款式没卖好？

举例来说，登录某平台，可能会发现与时尚相关的"小香风"一词搜索频次很高。这也许就代表着流行趋势。

（二）利用人工智能做流行趋势预测

接下来的工作则由人工智能流行趋势预测完成。人工智能流行趋势预测原理是首先由机器去相关网络上，如T台走秀网、Instagram、时尚KOL、生活方式网红等，从这些数据里找到高频次出现的图片或者关键词，再邀请时尚流行趋势专家进行综合评估，预测接下来会流行什么样的款型、色彩、面料等。随后，机器会结合企业的消费行为数据与品牌定位，为企业"定制"出一套符合企业需求的流行趋势（图1-10、图1-11）。

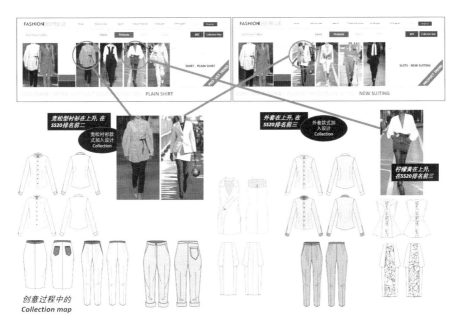

图1-10　根据实时流行趋势、品牌定位与竞品市场信息由人工智能生成的商品系列推荐

图片提供者：Fashion DeepBlue

图1-11　根据设计师需求由人工智能提供的图案纹样设计库

图片提供者：Fashion DeepBlue

　　而这部分在传统时代则是由设计师们根据相关流行趋势预测机构的预测报告结合个人经验完成的。人工智能的协助将大大提高设计师们的工作效率。

（三）3D设计

　　3D设计允许商家以一种高度仿真的方式，通过3D建模在线完成虚拟设计工作。通过3D设计所生成的3D照片，几乎与实物拍摄无差异。商家可以使用3D图片进行线上销售测试，再根据测试结果来决定需要向工厂下单多少件（图1-12）。

　　数字化时代，企业将极大提高工作效率，与传统时代长达6~12个月的开发周期，以及传统电商虽然快但品质相对差的现状，数字化将能帮助企业做到真正的高效（又快又好）与更为精准的定量预测。不过，由于各项相关技术大多还在研发与测试调整过程中，目前企业也都还在试用过程中。

图1-12　由3D设计软件生成的羽绒服，其仿真度与实物样衣已差不多

图片提供者：凌迪科技公司

第三节 从传统化转型到数智化，时尚业的变化

一、从"以产品为起点"到"以用户为起点"

1980—1990年的中国消费市场，工厂做什么，卖家就卖什么。当品牌公司崛起后，则是品牌开发什么就卖什么。当然，如前所述，传统时代的品牌也并非盲目地开发产品，他们也会通过市场调研来推测消费者可能对什么产品感兴趣，但这些判断基本依赖于个体经验和极其有限的销售数据；而相比于过去，今天商家所能获得的消费者数据就非常之多了。比如，我们的手机其实就是一个行走的数据库。很多时候，消费者并没有意识到自己的数据已经在各种付款、出入店铺的过程中在商家数据库留下了"印记"。数据收集的便利性为企业积累了大量数据，它们得以让企业不再依赖于个人经验与人工调研即可获得大量有价值的商业信息。也正是这些大数据让企业得以真正做到"以用户为起点"，确切地说，以用户的"数据"为起点，并根据这些数据再来研发消费者真正需要的产品。

这里需要澄清下为什么本书没有采用一般媒体会用到的"以用户为中心"这个词？这是因为在传统时代，品牌公司并没有不以"用户为中心"，其实在态度上同样也是以用户为中心的。只是受当时技术条件限制，企业没有足够多且有效的途径去了解自己的用户而已，因此当时的产品开发更多是以产品本身为起点，而非用户。今天，企业则得以有条件做到真正的以用户为起点。

二、从"经验驱动"到"数据驱动"

鞋服行业是一个从劳动密集型行业起步并发展到今天的非常传统的行业。事实上，到今天为止，还有很多企业与管理者依然主要靠经验做决策，这一点在私营企业尤为明显。一家公司的大事、小事几乎都要靠老板一个人的头脑做决策，而这些决策又大多依赖于老板个人过去的经验。分析个中原因，一方面是过去的成功让他们对自己有充分的信心；另一方面，也就是大多数人都有的"思维固化"问题导致的。

而数据驱动则主要有赖于大量的数据收集、分析而得出来的商业结论再进行

相对理性的决策。现在整个行业正走在向数字化转型的过程中，这个过程可能会持续近10年。

三、与消费者的关系从"买卖关系"到"合作者关系"

第三章重点解释了这个变化，分别呈现"数字化"给相关部门带来的变化。

第四节 数字化转型

一、数字化转型的原因

"数字化"（digitization）是指"将模拟信息流转换为数字字节的具体过程"❶。如果这句话对于非计算机人士过于晦涩难懂，大家可以把它理解为我们通常说的"计算机化"的过程。而"数字化转型"（digitalization or digital transformation）则是为了达到数字化目标的过程，这个过程不仅仅涉及数字化技术部分，也涉及企业、社会以及个人的方方面面。

为什么今天我们面临着整个行业乃至全社会的数字化转型？

首先，因为技术的迅猛发展，使得无论是从数据收集还是到数据处理及分析都变得比以往异常便利与高效。这使我们今天从个人到商家都拥有了巨量的数据。这些数据为我们今天的商业提供了更加科学决策的依据以及更加高效的运营能力。

其次，同样是因为科技的发展，让我们的日常生活变得更加便利的同时，也产生了更加快速的迭代。用"日新月异"来描述今日无论是知识还是资讯的变化都毫不为过。在这个快速变化的时代，唯有依靠数字化才能让我们更好地适应当下的社会发展。

最后，与我们的人口结构变化也有关系。"90后""00后"是原生的数字化居民。他们成人后，也自然成了数字化时代的最主流用户。

---

❶ Scott B J, Daniel K. Digitalization[J]. The International Encyclopedia of Communication Theory and Philosophy, 2016.

二、数字化转型是所有人需要面对的任务

当下还有不少人认为数字化转型只是 IT 部门的工作，似乎与己无关。事实上，无论你在什么岗位，都需要参与数字化转型。

（一）企业文化

鞋服行业是一个企业文化较为封闭的行业。相对来说，互联网公司、电商企业更开放。而数字化企业首先要求企业有一个开放、透明、信任的文化。如果企业实行"家长制"管理（大事小事老板一人说了算），无法信任乃至授权下属做事，信息不开放、不透明，那么数字化转型目标实现起来就较为困难。

（二）敏捷、灵活的组织架构

传统的组织架构是金字塔式的。以终端店铺为例，一家有着连锁店铺的品牌公司，店员是最基层的，其上有店长，店长之上有区长，区长之上可能是零售总监，总监之上则可能是品牌事业部总经理，再上面可能还相关 VP 副总裁，最后是 CEO。一般大公司有这些层级，中小企业层级相对没那么多，但大多也是这种金字塔结构。

如前所述，数字化企业之所以会（需要）诞生，在于今天的环境变化太快、太多，数字化能够提高企业对市场反应的灵敏度并对市场情况做出即时反应。但要做到这点，就需要组织架构足够扁平与灵活。因此，数字化转型几乎都会涉及企业组织架构的变化。

（三）数字化办公

2020 到 2022 年我们共同经历的困难一定程度上也迫使企业更多地转向线上远程办公，但远程办公并不仅仅是视频会议或者微信发消息即可。数字化办公本就是对办公形式与办公方法甚至办公内涵的系统性的变革。如何保证远程或者线上线下混合办公沟通顺畅，甚至更高效，也是数字化转型的一部分内容。

（四）从经验决策到数据决策

如前所述，大部分企业有赖于企业老板一个人的脑袋。数字化时代，决策方

式、流程与模式都应当更多转向数据本身。这对于无论是企业主还是员工都提出了更高的要求。

（五）IT部门的战略地位

传统时代，除了一些大型企业，许多传统企业的IT部门只是维修电脑、维护信息软件以及网络相关问题的支持性部门。今天大型企业大多已设立了CIO（首席信息技术官）职位。IT是企业实现数字化转型的战略性部门。因此，今天的IT部也必须成为业务决策的一份子。

三、企业数字化转型进展与障碍

（一）企业负责人

大多数企业的数字化转型首要障碍在企业的掌舵者也就是企业负责人本人，这点尤其在本土中小型企业明显。由于这是一个由劳动密集型成长起来的行业，相当一部分老板自己连电脑都不太会用，更不用谈对数字化转型的理解。如果固执于过去的经验，那么数字化转型几乎就成了"不可完成的任务"。

（二）员工思维的转型

任何事物的转型会涉及学习新知识和技能，这对于家庭负担较重的中年人较有挑战。除了家庭负担导致的缺少时间学习新知识，人固有的经验也是导致数字化转型困难的原因之一。这也是为什么有的企业为了做好数字化企业，情愿先裁掉一批思维守旧的员工，随后通过校招应届毕业生来培养数字化人才。

（三）数字化转型是一个系统化工程，需要极大的耐力及雄厚的资金

数字化转型是一个系统化工程，并非短期即可完成的任务。就鞋服业而言，国内最早一批开始转型的企业多是一些大型知名企业，他们自2015—2017年开始实施转型。即使如此，5年时间里，这些转型工作完成的也不过是30%~40%的数字化转型工作量❶。也就是说，一家传统企业如要达到可被称为"数字化"企业的标准，

---

❶ 来源于作者对相关企业的采访。

大约至少需要 10 年的时间。这个过程既需要极大的耐力，也需要极其雄厚的资金。这些资金包括企业人才迭代所需要付出的成本、新设备新软件的采购，以及转型所消耗的巨大的人力成本。这对于一般中小企业毫无疑问是难以承受的。也因此，在这个过程中，我们也看到了更多传统的中小企业正在逐步退出市场。

（四）数字化人才本身的稀缺

作为新专业新需求，市场上并没有足够充裕与专业的数字化人才，所以大多数企业与职场人士也都是边做边摸索边学习。当下懂时尚行业的数字化人才缺失也是导致企业转型困难的主要原因之一。

（五）利益分配机制问题

几乎所有的企业转型都会涉及利益分配机制的问题。比如，实体店担心电商部门抢了自己的生意而导致的实体店与电商之间的利益冲突；直营店铺直播则又可能会影响其他经销商的权益分配；再如，品牌在百货商场的自家店铺直营，该销售并不来自百货商场客流，这部分业绩是否应该给百货商场分成等都是转型过程中有待解决的具体问题。

（六）数据所有权

数据所有权也是数字化转型过程中不同利益方之间很容易引起争议的问题。比如，品牌通过代理商销售，那么品牌方是否有权利向经销商索要这些销售数据？一套完整的数据可能被分散在不同的利益方，比如工厂有生产相关数据、品牌方有自己直营店铺的数据、经销商有代理店铺数据、直播的数据都在抖音、快手平台上、天猫的店铺数据在天猫平台上……每个利益方都拥有某部分数据，但没有任何一方拥有完整的数据。在这背后，并非技术上的障碍，本质上还是利益分配的问题。

（七）2020 年对数字化转型的影响

事实上，在 2020 年之前，相当一部分企业与个人依然不相信数字化转型才是未来。2020年大家共同遭遇的困难一定程度上也成为数字化转型的催化剂。即使这样，在2020年局势好转后，很多传统思维的企业与创业者又回归了传统，他们始终认为自己的产品无法走向线上也就无法走向数字化。结果2021~2022年办公困难的反复最终催逼着更多的企业不得不直面数字化转型的问题。

但无论如何，可以确定的是，唯有"透明（文化）""协同（作业）""合作（而非竞争）"并以开放的心态迎接新技术新事物，才是走向数字化的根本。

第五节　时尚行业的发展前景

行业内有一种看法，不少人看衰整体时尚业的发展前景。那么，时尚行业究竟是夕阳行业吗？

如果你依然将其视为传统行业的话，那么是的，它正在衰败；但是如果你用发展的眼光来看这个行业，它则是一个朝阳产业。这个"未来的眼光"即未来的时尚业是一个"数智化"也就是充满"科技味"的行业。

传统行业也就是本章节开篇所介绍的一类企业，他们依然按传统模式和思维运营品牌：主要靠经验决策；手工作业；依靠密集劳动力来做产品等。从这个视角看，这个行业定将被淘汰。但对于数字化转型成功的企业，或者那些诞生于数字化时代的新型企业，他们才是行业未来的主力。在数字化转型过程中，会有大量的守旧型、传统型人才与企业被淘汰。比如，抄款型、改款型的设计师，因为AI设计将比他们做得更快更好；选款型买手市场上也会呈现供大于求的现象，通过算法获得的用户喜好信息可以远比现在的买手更精准知道用户要什么。当然还有其他的一些岗位的需求量也会减少。比如，普通导购、销售客服都可以被机器所替代，只有小部分的高度依赖于人际沟通的产品（比如奢侈品）还需要人工导购。而数智化，顾名思义就是"数字化＋智能化"，数智化对企业来说最大的作用是总体效率的提升。减少对（不稳定）人工的依赖，提高工作效率和工作精准度。本书将在最后一章介绍未来的时尚行业是一番如何的景象。

小结

1. 时尚体系:

时尚体系分为两个层面: "物质"层面,产品由设计师设计、供应商制造出来,他们完成了服装产品的实物制作过程;这些产品被从工厂运到店铺(包括零售商、批发商、电商仓库),最后由消费者购买回去。在这个层面,消费者购买的是产品的物质与经济价值。

时尚的"符号"层面,设计师设计产品时,赋予产品某种概念(思想),这种概念被媒体、时装周等传播渠道传播,最终被消费者吸收。在这个层面,时尚产品是被作为一种具有精神含义的文化产品从品牌方传递给了消费者。在这个层面,消费者购买的是时尚的文化价值。

从生态链角度而言,时尚体系可被分为"制造者"与"营销者"。

2. 传统行业数字化转型主要的变化:

从"以产品为起点"到"以消费者为起点";

从"以经验驱动业务"到"以数字驱动业务";

与消费者的关系从"买卖"到"合作者"。

3. 数字化转型不是个别部门的工作,而是全员都需要参与的工作。

4. 传统的时尚行业正在没落,数智化的时尚行业正在兴起。

练习

请结合自己所观察到的行业发展现状,思考如何结合行业发展趋势规划自己的职业发展?

第二章 品牌

第一节 定义、概念与理论

一、品牌与品牌价值

（一）对"品牌"最大的误解

我们相当一部分企业对品牌最大的误解，莫过于将"品牌"等同于"产品＋商标＋包装"。不少人认为，所谓的"做品牌"，就是花钱做推广，给产品做华丽的包装以及请明星代言。

这种对品牌的理解，本质是将"做品牌"等同于"卖货"——只要把产品做出来，包装好，再大范围进行推广就是做品牌了吗？

（二）"品牌思维"与"卖货思维"的区别

1."系统思维"与"单款思维"

"系统"思维即做品牌其实是一个系统工程。从品牌愿景、使命到价值观，以及市场定位、目标群体定义、商品企划直到供应链，甚至员工、客户、合作者都属于品牌管理的范畴。本章第二和第三节将重点解释何为品牌系统性思维。而"单款思维"则是"什么东西好卖就卖什么"。

2."拼价值"与"拼价格"思维

毫不夸张地说，虽然我们的市场经济已经进行了近50年，无论零售还是消费都已经经历了许多变化，但到今天，相当多的企业还处于"拼价格"阶段。无论是20多年前靠低价卖货取胜的淘宝，几年前靠社交裂变成功上市的拼多多，以及现今爆火的直播，几乎都是靠"拼价格"起家的。而导致拼价的原因，就是"卖货思维"，而品牌则是靠"价值"取胜。

3."长期主义"与"短期主义"

直白地理解"短期主义"就是"赚快钱"；而"长期主义"则愿意用时间成本换回更大价值的回报。

一个非常典型的例子便是在设计与创作领域屡见不鲜的"抄袭"行为。为什么抄袭如此流行？其中一个重要的原因是抄袭才能以更低的成本，更短的时间实现收益。

（三）品牌思维对企业的重要性

1."品牌思维"才能让企业脱离拼价，并获得更高的溢价能力

为什么同样的产品贴上不同的商标，它们在消费者心目中的价值感就不一样？不然，又为什么还有那么多模仿名牌产品的企业呢？

2. 品牌思维能赋予品牌更高的价值，并得以让品牌以授权模式获得收益

比如，奢侈品公司的某些产品线，诸如彩妆品、眼镜等通常都是通过授权模式获得收益；动漫公司也经常将自己的动画形象授权给企业使用。比如迪士尼自己只做电影和乐园，但同时通过授权企业使用他们的动漫形象而获得"品牌授权费"。

3. 品牌是护城河

品牌本身可以成为企业的护城河。比如奢侈品与体育品牌可能是被仿冒最多的品牌，但它们大多很难真被假货打败！

4. 品牌与用户价值观一致时，更容易占领消费者心智

另外，从消费视角而言，当品牌价值观与用户价值观一致时，它们更容易占领用户心智[1]！这就好比我们日常所说的"三观一致"，大家相处起来才会更愉快！

（四）"品牌"与"品牌价值"

美国营销协会对"品牌"的定义为："品牌是一个名称、术语、设计、符号或任何其他特征，它将一个卖家的商品或服务与其他卖家的商品和服务区分开来。"[2]

---

[1] Allen W M, Gupta A, Monnier A. The Interactive Effect of Cultural Symbols and Human Values on Taste Evaluation[J]. Journal of Consumer Research, 2008(2), 35: 294-308.

[2] American Marketing Association, Brand, 2022 [2022-8-5].

看上去，似乎品牌只是某种符号，也就是我们经常说的Logo（品牌标志），但在这个定义中，最关键的还是"区分"这个词。纵观市场上现有的时尚品牌，有多少家真正做到了产品与服务的"区分"呢？

另外一个值得关注的概念是"品牌价值"。

凯度咨询❶近5年的"BrandZ TOP100最具价值全球品牌排行榜"均显示，中国品牌在全球影响力总体正在逐年递增。不过，这TOP100全球排行榜中的中国企业，几乎只有两类公司：央企与互联网/高科技公司。在2021年的该榜单，共有8家时尚类企业（含奢侈品、鞋服品牌、美妆护肤），其中NIKE、路易威登与香奈儿占据前三❷，没有一家中国时尚企业在本榜单上❸。

而在"BrandZ TOP100最具价值中国品牌排行榜"中，只有4家时尚相关品牌上榜，分别是排名58位的珠宝公司周大福、排名74位的安踏品牌、排名91位的李宁与排名92位的360❹。

这说明，虽然国潮兴起，但是中国的时尚品牌在提升品牌价值方面还有相当长的道路要走。

"品牌价值"与前面提到的"区分"一词息息相关。纵观排名前列的品牌名单，它们无一例外地都为消费者提供了其他竞争对手难以提供的产品或者服务，都拥有自己的"特色"。更通俗地来理解"品牌价值"，即指有一天品牌不卖任何产品（服务），也没有任何实体或者线上店铺，也没有任何员工，也就是除掉其所有的有形资产，其单单一个Logo能够卖出有价值的钱，才是真正有价值的品牌。

（五）品牌常见误区理解

1. 销售越高，品牌影响力就一定越大

如果一个品牌的品牌价值高，其销售是必然高的，但是销售高的品牌并不一定品牌价值就越高。以安踏集团和阿迪达斯公司为例。安踏集团在2021年超越阿

❶ 凯度咨询公司每年发布的"Brand Z最具价值全球品牌排行榜"除了考量企业的销售规模，也考量品牌的溢价能力与消费者反馈，是全球最有影响力的品牌排行榜之一。
❷ 其他五家品牌按排名顺序分别是：爱马仕（43位）、欧莱雅（48位）、古驰（56位）、阿迪达斯（79位）与ZARA（85位）。
❸ 新浪财经.2021年凯度BrandZ最具价值全球品牌排行榜发布（附完整榜单），2021[2022-8-5].
❹ 新浪财经.2021BrandZ 100强揭晓，2021[2022-8-5].

迪达斯在中国市场的销售额❶，甚至市值❷也一度超过了阿迪达斯❸。但在上述的品牌价值排行榜中，阿迪达斯品牌在全球TOP100排行榜依然占据79位，而安踏品牌并未进入全球TOP100，即使在中国品牌价值排行榜中也只是排在第74位。也就是说，一方面，中国鞋服品牌未来可期；另一方面，中国鞋服品牌要成长的空间还很大。

2. 品牌势必卖得很贵

其实不然。ZARA和优衣库就是两个很好的案例。ZARA和优衣库在全球品牌影响力也都很大，但是众所周知它们的衣服并不贵。

3. 做品牌一定很烧钱

品牌的发展其实更取决于价值观思维，而不是金钱投入的多少。投入再多的钱也不一定"烧"出一个有价值的品牌。这其中，网红品牌就是一个典型的现象。比如淘宝起家的张大奕，其背后的公司，曾被称为"中国网红电商第一股"的如涵控股在纽约上市后就打破发行价（"破发"，即股价比初始发行价还低），并最终在2021年因为亏损严重不得不退市❹。彩妆品牌完美日记，曾经爆红一时的新消费品牌，上市后同样破发。不仅如此，其销售收入占比高达超过60%的营销费用使得其长期处于亏损状态❺。类似的案例还有其他一些依靠互联网与所谓的数字化技术迅速起家、爆发但生命周期极短的网红品牌。过度重视营销，忽略产品或者服务本身的重要性，是当下不少网红品牌的共性问题，而这最终造成了本末倒置的现象。如大家所见证的，这种烧钱方式也并没有为品牌带来更高的价值。

4. 中小企业不需要做品牌

事实上，我们每个个体也可以是一个"品牌"。通俗地说，一个人在他人心目中的"印象"，就代表了这个人的品牌形象。比如，日常生活中我们会对与自己相交的人有所辨识与判断。我们就是靠着这些判断来决定哪些人可以做我们的朋

❶ 郑淯心.全年营收逼近500亿元，安踏2021中国市场份额超越阿迪达斯，登顶在即，《经济观察报》，2022[2022-8-5].

❷ "市值"即一家上市公司某一时刻的"每股股票的市场价格"乘以"发行总股数"所得到的总金额。

❸ 新浪财经.阿迪达斯失守全球第二：中国市场业绩暴跌，市值被lululemon、安踏反超，2022[2022-8-5].

❹ 北京商报（新浪财经转载）.张大奕"退市"，雪梨融资，女网红的资本故事，2022[2022-8-5].

❺ 一白.完美日记的"平替悖论"，新熵商业评论，2022[2022-8-5].

友？哪些能做事业伙伴？哪些人则不可交往？一个总是乐于助人的人，其个人品牌形象可能是"乐于助人""好人""善良"。一个过于自我的人可能给人留下的印象就是"难以合作""自私""主观"等。这种印象即可被理解为"个人品牌"。

而对于企业来说，也是一样的道理。因此无论是否有品牌意识，从个人到企业都有"品牌形象"与"品牌价值"。

二、"中国品牌"的定义

不同的人也许对"中国品牌"定义不同。比如有的认为只要拥有中国文化特征的品牌就是"中国品牌"。如果以此为标准，那么由法国爱马仕集团创立的"上下"品牌也可以被视为中国品牌。也有的认为只要中国企业控股了，那么就也可以被定义为"中国品牌"。比如被复星时尚集团购买的法国Lavin品牌，但可能大部分消费者也还是将Lavin视为法国品牌。另外，海外华人，他们土生土长在国外，手持外国护照，虽然他们有着中国血统，但他们所创立的品牌是否可以被视为中国品牌呢？因此，有必要首先定义下"中国品牌"。本书对"中国品牌"的定义是由在中国境内的中国人士所投资且主导创立与经营的品牌，以这个为定义，那么诸如李宁、安踏、雅莹、之禾、波司登都可以被视为中国品牌。

三、网红品牌

网红品牌的定义也众说纷纭。一种业内普遍的流行说法是，以某个网红个体喜好为时尚品位特征的品牌就是"网红品牌"。比如，淘宝上的张大奕、雪梨所做的品牌被广泛认为是"网红品牌"。不过，到了近5年，业内似乎对"网红"品牌不再局限于由个人IP打造的品牌，也包括以"爆品"打造的产品品牌，比如"喜茶""元气森林""完美日记""花西子"等。本书对"网红品牌"则包括了以上两种主要类型品牌，且这些品牌主要业务还是依赖于线上而非实体店。

 张凡：在不同文化背景品牌工作的不同之处及李宁转型案例。

第二节　品牌系统的战略规划

如前所述，品牌与卖货不一样的方面是品牌是一个系统工程。那么这个系统工程是如何启动与运作的呢？品牌系统首先起始于"战略规划"。

战略规划所包含的主要内容如表2-1所示。

表2-1　战略规划

维度	解释	举例说明
愿景（Vision）	长期目标（期待长远后成为什么样的品牌）	成为中国具有影响力的且有中国文化特色的时装品牌
使命（Mission）	要怎么做才能达到愿景	让中国大都市更多的25~45岁女性穿上我们的服装
战略（Strategy）	中长远期的战略目标、计划与执行	3年内，成为一线大城市中青年女性心目中的知名品牌
战术（Tactic）	具体做每件事的策略与方法	1年内，在上海、深圳、成都开X家旗舰店；并同步在天猫、京东开店；以及启动小程序与社群运营
行动计划（Action）	具体每件事的行动计划	由谁负责具体在哪里开店、团队招聘、媒体宣传等

我们可以将"战略"理解为是一个品牌的顶层设计方案，有了这个顶层设计方案，团队就知道接下来具体该做什么、怎么做以及为什么要这么做了。

在行业内，针对"战略"有两种截然不同的态度。一种认为一家企业（品牌）如果没有战略，则企业就不可能长远；另一种则认为"战略无用论"。两个现实中最典型的例子便是：咨询顾问都很擅长做战略，但没有看到几个战略咨询顾问成功操盘了一家企业，以及确实有很多企业没做过战略但也成功了。

客观地说，战略既非万能的，但也并不是无用的。战略的有用与无用，还取决于其他很多因素，比如具体掌舵者与操盘团队的自身的擅长与特点。这就有些像写作。有的作家喜欢先构思完故事的整个主题、大纲、人物、人物关系、时间脉络等结构式部分（就类似于这里的"战略规划"），有的则喜欢想到哪写到哪儿，最后再回头来调整全文……有的人天性高瞻远瞩，有宏观视角，市场敏锐度高，做事习惯性有条理，可以这样说，虽然他们不一定事先会做出一份完整、详细的战略方案，但他们大脑里有这样一个方案蓝图，那么也可能做成一家企业，但大多数人需要依赖于战略规划的过程去思考清晰自己究竟要如何"打仗"（做品牌）？

成就上述战略规划也并非一蹴而就的，而是一个在实操过程中不断修正而来的。战略规划前需要做的市场分析主要分为三大领域：环境、竞争者以及商业模式❶（图2-1）。

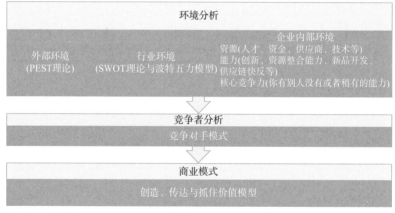

图2-1 战略规划前的市场分析

一、环境因素

这其中，环境又包括了外部环境、行业环境与企业内部环境的调研与分析。

（一）外部环境

一般使用PEST理论来分析。

比如，就以数字化转型为例，针对鞋服行业，PEST最近的影响包括：2020年

---

❶ 该理论模型来自：Hitt A M, Ireland R D,Hoskisson E R. Strategic Management: Concepts and Cases: Competitiveness and Globalization [M]. 12th edition. Boston: Cengage Learning, 2016.

刚开始的时候，几乎所有企业都受到出行影响，特别是此前未做数字化转型或者未曾"触电（商）"的企业几乎陷入绝境。但由于国内采取的有效防疫政策，部分零售市场大概几个月就恢复了几乎2020年前的业绩。市场的快速恢复让很多企业又乐观起来。有的企业甚至在2021年采取了乐观态度，又开始激进扩张。而且，相当一部分坚守传统模式的企业依然不相信数字化是未来，依然坚持扩张实体店。结果到了2022年，连绵不断的出行困难再次让不少企业陷入更低迷的状况。

虽然外部环境属于不可抗力因素，但如果说2020年的困难来得让人猝不及防，但是2021—2022年如果一家企业还在同一个地方跌倒，没有吸取2020年早期出行困难的教训，则是企业对PEST环境判断的失误。

而事实上，除了少数的大规模企业，很多传统模式的企业几乎不对PEST做判断。而今天，PEST无论对企业还是个人的发展，可以说比以往任何时候都更为深远。因为我们今天身处一个高度不确定的环境中，如果想在高度不确定的环境中生存，就要比以往任何时候都更加关注PEST因素。

（二）行业环境

行业环境分析一般采用SWOT模式。

S代表"strength"，即本企业在这个行业占有什么"优势"；W"weakness"，即本企业在这个行业的"劣势"；O，"opportunity"，即本行业有什么对本企业好的"机会"；T，"threaten"，即本行业对企业有什么"威胁"。

比如，以一家20年历史的大淑女女装企业为例：其优势也许是在行业里深耕多年，有知名度；劣势则是年轻用户觉得这家品牌太"老"；行业机会则是消费者对本土品牌的热衷；威胁则是该领域同质化严重，可替代性太强（图2-2）。

图2-2　SWOT分析与案例应用

行业分析也可以采用波特五力模型。

波特五力模型是由学者波特（Michael Porter）于20世纪80年代初研发的。该模型主要以五个维度来分析行业环境，

（1）新入局者门槛，这个行业入门门槛如何。比如像我们的鞋服业，目前就总体而言被视为一个低门槛入门行业。

（2）被替代的威胁，对于鞋服业这种高同质化，目前产品技术含量尚不高的行业来说，产品同质化现象非常严重，也因此品牌被替代的可能性很大。

（3）竞争密度，也就是同一市场上的玩家数量如何。毫无疑问对于鞋服这个行业，竞争密度也是极高的。

（4）顾客的议价能力，顾客议价能力也取决于顾客的需求量及市场的供应量。对于鞋服目前这种产品，市场供应量基本可以被认定是远超过顾客真实的需求量的。也因此，顾客的议价能力极强。

（5）供应商的议价能力，就是作为采购方与供应商各自的议价能力，也就是我们通常说的"买方市场"（买家议价能力强）或者"卖方市场"（供应商议价能力强）。在鞋服业，这种能力更取决于品牌公司的市场地位。通常来说，一线品牌、大规模品牌是买方议价能力强；而对于其他大多数品牌，供应商议价能力更强。

综合以上几种因素，可以得出结论，鞋服业是一个低门槛同时竞争密度又很高、非常容易被替代的行业。但即使如此，依然有那么些优秀的鞋服品牌在全球品牌排行榜上。因此，对于个体品牌而言，更为重要的依然是如何在竞争如此激烈的行业里找准自己的位置，并提升竞争力。

PEST与行业研究，对于大型企业（一般指上市公司）通常由战略部门完成。也有的企业会由市场部、财务部、产品部分工完成，但对于中小型公司很少有这个职能。对于没有相关职能的企业，可以通过以下方式获得相关行业资讯：

①知名咨询公司、证券公司、投资公司的行业报告（如欧睿、麦肯锡、波士顿咨询公司等）。

②本行业头部上市公司的财报。

③与同行多交流。

（三）企业内部环境分析

企业内部环境分析则主要从以下三大要素入手：

（1）资源，具体指"人才""资金""供应商"与"技术"资源等。

（2）能力，指资源所具备的能力：如创新能力、资源整合能力、新品开发、供应链快反能力等。

（3）核心竞争力，也就是别人没有或者别人较弱但你很强的能力。通常来说，无论是个人还是企业都不可能具备面面俱到的资源或者能力，但是总该有一个最大优势，且这个优势很难被他人模仿或者超越。

上述模型可以解释为什么大多数创业者会失败。就以当下流行的设计师创业为例，这其中还包括许多应届毕业生。对照这三大要素，年轻的设计师除了拥有满腔热情之外，几乎不具备其他任何资源与能力优势，而很多设计师自认为自己的核心竞争力是设计。但事实上，设计师自认为的设计优势，最多是"设计理念"优势，而不是设计产品优势。因为从设计"概念"到"实物"出来，还需要经过漫长、复杂且琐碎的供应链过程。现实中，设计师的设计理念无法得到实现的案例比比皆是，这就是缺乏对整个行业的了解导致的创业失败的案例。

二、竞争者

"竞争者"是商业从业人员经常挂在嘴边的词儿，但究竟什么是"竞争者"呢？现实中，很多品牌自以为知道谁是自己的竞品，但事实上经常出现对其一对竞品定义并不清晰；其二也不知道如何做竞品分析。

（一）竞争者的定义

竞争者有两个重要条件：其一，市场重合度高；其二，企业拥有的资源相似❶。

（二）竞争策略

1985年，迈克尔·波特学者提出了"竞争策略"模型。该模型提议企业从两

❶ Hitt A M, Ireland R D,Hoskisson E R. Strategic Management: Concepts and Cases: Competitiveness and Globalization [M]. 12th edition. Boston: Cengage Learning, 2016.

个维度来思考竞争策略，其一是"聚焦（专注）"模式：或者专注成本，或是专注差异化；其二发挥"优势"模式，成本优先，或者差异化。"聚焦"竞争策略适合"细分市场"，而"优势"模式适合"更广阔的市场"（图2-3）。

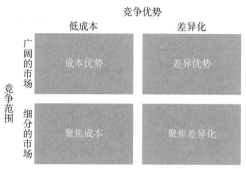

图2-3　波特竞争策略模型❶

（1）成本优先，以一切手段降低成本，并以价格在市场上取胜。互联网时代，许多新玩家一开始就是以"成本优先"策略"侵入"市场的。他们多以极致的方式将成本压缩到最低，随后以最低价格的姿态进入市场，甚至有些企业会以低于成本价的方式先吸引大量的客流（所谓的"跑马圈地"）先占领市场，随后在接近垄断地位时再逐步提高价格。毫无疑问，这些模式都需要专业的资本介入。长远来说，它并不一定是个健康的模式，这也是许多网红品牌会暴红随后暴跌的原因。但这不代表"成本优先"策略一定是错误的策略。以健康的方式压低成本完全是可取的。超市沃尔玛就是依靠成本优先策略成为全球第一超市的。

（2）差异化，依赖于差异化竞争也是一种常用策略。例如，ZARA的差异化就在于其能够为顾客提供低价、高效的商品周转；优衣库则在于其卓越的性价比能力。奢侈品则在于他们能够为品牌赋予高溢价能力。这些差异化能力都不是一般企业能够超越的。

（3）聚焦模式，如果说前两个策略打造的是"大而全"的市场模式，"聚焦"模式则非常适合某一特定的细分市场，或者说，对于较为零散的国内时尚行业，适合大多数企业。"聚焦成本"可以专注在某个细分市场，并力争做到这个细分市场的"最低价"。比如，假如你的市场区域是某个省，或者某座城市，你可以做到"本城市""本省"，甚至"本商业街"最低价。

---

❶ Porter M E. Competitive Advantage[M]. New York: The Free Press, 1985.

而"聚焦差异化"模式是同样的道理。比如作为一家设计师品牌，你完全可以以设计风格取胜占领某一类小众市场。或者，你的差异化策略可以是相比其他设计师品牌，你能提供更低的价格，或者更快速的补货等。

总之，只有清晰地知道自己的核心竞争策略，后期在开展策略与战术规划上，才有更清晰的方向，知道自己该怎么做，以及为什么要这样做。

三、商业模式

商业模式本质上在问的问题是：顾客为什么要买你的东西？或者，从商家角度来看，就是商家将如何赚钱？

"商业价值模型"即解释了商业模式需要解决哪几个主要问题：

（一）创造价值

品牌（产品/服务）将为顾客创造什么价值？通俗易懂地理解，市场上那么多卖鞋服产品的，顾客为什么应该买自家品牌的产品？

（二）传达价值

品牌如何向顾客传达自己的价值？这也就涉及了我们平时说的营销策略。

（三）捕捉价值

如何捕捉到顾客并促使他们购买我们的产品呢？如果"创造价值"是在"解释"，"传达价值"是在"营销"，"捕捉价值"则是具体的"行动"，也可以被视为我们通常理解的"销售"。

第三节　品牌系统的品牌要素

如果说战略解决了宏观层面的问题：做什么？怎么做？为什么要这样做？为什么我们有能力做？这些问题解决后，接下来就到了具体的品牌策划阶段。具体来说，我们可以将品牌策划分为以下几个部分：

一、根据战略目标梳理品牌愿景、价值观、DNA

（一）品牌愿景：利他主义

"愿景"即是品牌的"长远"目标。不过，事实上，绝大部分人在启动一个创业项目时，其实并没什么愿景。很多人的创业动机也五花八门。比如不想给其他人打工；实在找不到适合的工作所以不得不开始创业；也有人天生就喜欢创业这件事。所以一开始没有品牌愿景也是很正常的。但随着企业规模的增长，企业就需要思考这个问题——因为这是关乎企业方向性的问题。

另外，企业大小与是否有愿景并无一定关系。不是只有大企业才需要有愿景。愿景需要有一个重要的特点："利他主义"。

对于将"品牌"只是视为一门"生意（赚钱工具）"的人来说，"利他"思维是一个很难被理解的词：我做生意明就是为了给自己赚钱，怎么还要"利他"呢？这个"利他"思维其实是个"用户"思维：当企业的产品（服务）能够给用户带来好处的时候，用户自然会购买产品（服务）了。所以愿景并不是多么宏大的词汇。对于中小企业而言，哪怕你的愿景就是为了给自己周围的社区居民提供最方便的服务，或者最低价的产品，也是一种"愿景"！

愿景存在的价值，其一，是让自己有努力的方向；其二，让顾客群体认识品牌对他们的价值。

（二）品牌价值观

好的品牌一定有自己的价值观。

"价值观"是个可能大家都自认为可以理解但又很难用语言清晰定义的名词。从世俗的定义来说，它是一种"思想观"。价值观既适用于个人，也适用于企业。现实中，很多企业在他们的官网上虽然写着诸如"本企业相信（某价值观）"之类的文字，但是从企业的行为中丝毫感觉不到任何与他们所书写的价值观有关的气息。而中小企业觉得谈"价值观"可能很"书生气"。

价值观在学术上的定义也并无唯一的定论，但总的来说，企业价值观就是"一种信念"，并且大家都以这种信念指导自己的行为。这里有两个关键词："信仰"——即你相信的内容，以及"指导行为"。一套信仰，如果没有行为，则可以被理解为一套虚伪的信仰。在现代管理学中，企业价值观也是当代组织管理学一个重要的研究对象。

卖货思维是不会有"价值观"体系的，但价值观恰恰才是好的品牌产生价值的基础。许多"品牌"认为谈价值观并无法为自己赚钱。事实上，价值观体系才是品牌具有高溢价能力的基本原因之一。比如下面这个案例。

EVERLANE是一家做服装的美国电商网站。在EVERLANE的官网上，他们是这样陈述自己的价值观的："优异的质量、道德的工厂、高度的透明。" ❶

那么他们又是如何实践自己的价值观的呢？

他们做的最与众不同的，是在他们的官网，你可以找到他们供应商的资料，以及生产报价。在他们官网介绍供应商的页面，你会看到一张世界地图。点击进入各个有标签的区域，你会看到在这个区域的供应商。再点击进入，你会看到企业名字、地点、员工数量，以及他们是如何找到这家企业的；企业老板是谁；工厂用的原材料来自哪里；工厂环境（照片）等。

发布工厂环境照片很多工厂都会做，但大部分工厂的官网只会显示工厂园区、一些工厂流水线全景等，但是EVERLANE还会给工人拍特写（整个一张照片就一个工人的特写头像）。比如，正在缝纫的工人，正在包装的工人，正在熨烫的工人。而且，每个人的脸上要么洋溢着热情的笑容。而大部分工厂对外宣传的镜头都不会对准一个可能连名字都不为老板所知道的工人。这个设计，就暗示了他们背后的理念：EVERLANE相信，如果你要品质好，首先要对做产品的一线工人好。

他们还有一点特别的是，生产报价透明化。比如，他们的一款产品价格在官网上，被显示为："产品成本：材料费16.25+劳工费29.16+运输1.47+关税4.75=51.63（美元），售价：168（美元）。"

毫无疑问EVERLANE的这样做法是反常识的。产品成本价在业内基本都被视为"商业机密"，但是他们反其道而行，这种透明化的做法，反倒获得了顾客更多的尊重，并且业绩不俗。他们诞生于2010年，截至2021年，其年销售收入预估在

---

❶ 品牌官网。

2.6亿美元左右[1]。

　　EVERLANE理念可以被理解为用透明化管理来达到顾客对他们道德行为的监督，证明他们支付给工厂合理的价格（这样工厂才能支付合理的报酬给工人，并且改善工人的工作环境等），证明他们尽可能按自己承诺的环保标准管理供应链等。并且同行应该看得出，其实这家公司的零售价并不低，但也只有这样，才有可能让工人收到有尊严的报酬。

　　这个相对于一些国际快时尚品牌以拼价在市场竞争，却同时要求供应商工厂给工人创造良好的工作环境并且支付他们"有尊严的报酬"的操作方式，毫无疑问可行性要高更多。

　　不过，可能有的人会质疑，这个在美国行得通，不代表在中国行得通！中国顾客喜欢砍价，看到出厂价51.63美元，售价却要168美元，肯定会觉得自己亏了。我对此的看法是，中国消费者的消费习性正在变得越来越多元化，随着经济条件的改善，越来越多的人会愿意承担起更多的社会责任。因此，对顾客保持一定程度的透明度，让顾客知道产品在哪里做的、在什么环境下做的、劳工环境如何等，我相信迟早也将是中国企业面临的问题。

（三）品牌DNA

　　就像人的基因一样，当我们出生的时候我们都会带着父母的基因。而一个品牌诞生的时候，它也会带着创始人的基因。所以很多创始人把品牌、企业、产品视为自己的"孩子"。通俗易懂地来理解"基因"，它应该是品牌与生俱来的一种特色，能够一眼将你跟其他品牌、其他产品区分开来的某种特征，其实也就是本章节开篇"定义"中对品牌定义的"区分"一词。

　　DNA具体的表现，可以是多种形式的。比如，路易威登的DNA便是"旅游"主题。自从诞生之日起，路易威登至今的历史已经超过150年，其产品设计风格也多次发生了巨大的变化，但是其"旅游"主题一直未曾改变；再如，香奈儿的DNA便是粗花呢套装、山茶花、小黑裙等标志。

　　对于一个新品牌，又该如何找到自己的DNA？

---

[1] 数据来源：ecommercedb官网，登陆日期：2022年8月5日。

1. 分析创始人个性，将个性赋予品牌

许多品牌开始被创立，是始于创始人一些个人的性格、爱好，或者某种情怀。将创始人个性赋予品牌便是一种找到品牌 DNA 的方式。

举例来说，我曾有一个学员是做秋冬季针织帽的。这类帽子基本没有太多技术含量。如果不做品牌区分，买谁家的都一样。这家工厂的创始人是一对夫妇，两人都是初中毕业，学历都不高。他们选择创业做针织帽是因为自家周边地区有很多做帽子的家庭作坊。来上我课的时候，他们已经创业十几年了，一直处于比打工赚得多些但也没到财务自由的状态。而随着社会的发展，也逐步感受到自己这种作坊式经营与管理方式很难适应未来的发展，所以来学习。

这是一个非常普遍性的作坊式中小企业的现状：创始人自身受教育程度不高，长期以来都是传统作业方式。自己好像也没太多的想法。基本就是别人怎么做，自己怎么做。产品本身貌似也没什么特色可以挖掘。

即使如此，我们最终还是为这家针织帽厂找到了他们产品的 DNA 要素。

在帮助他梳理品牌 DNA 时，我与他进行了一段对话。这段对话的主要目的是我想探究他最主要的性格特征。在与他的对话中，"无忧无虑""很开心""没有太多的烦恼""希望享受当下的时刻""很自由"是他嘴中经常出现的词。他所有的业余爱好，也是围绕着"自由""开心"与"享受"。接触下来我对他的总体感受也是如此：他是一个比较快乐和单纯的人，并没有太多的一般企业老板那样的焦虑感和负担感。

所以我告诉他，不如给自己的品牌 DNA 定义就是"快乐"，它既符合你的个性，也能够让你的产品立刻与其他产品区分开来。

问题是怎么样让针织帽子产品体现"快乐"感呢？我们能立刻想到的便是"色彩"——色彩是可以传递情感的。秋冬季，市面上大多数针织帽都是黑白灰色的。秋冬季本来色彩就比较沉闷，这个品牌可以用色彩来点亮沉闷的季节，这种五彩缤纷的色彩也可以给人带来快乐。而且帽子跟衣服还不太一样。一般人羽绒服或者冬天外套可能不太爱穿大面积的有彩色的色彩，但帽子是小面积的，从服装穿搭而言，它属于点缀色。消费者使用小面积的色彩点缀自己的全身是完全有可能被大众所接受。

并且，我顺便帮他想了一个生动的网名："做快乐帽子的老陶！"

2. 将个人兴趣和爱好赋予品牌DNA

第二种方法就是从自己的兴趣和爱好出发，将自己的兴趣爱好赋予产品。比如有的人因为热爱养生健康，所以做的产品就比较强调健康养生。有的人因为爱好军事，所以可能会在产品上赋予军事特征；有的人喜欢科技，所以在产品或者产品营销上思考如何让产品有更多的科技感。

3. 从历史人文故事中寻找基因

苹果公司创始人史蒂夫·乔布斯（Steve Jobs）曾说过："（一家公司）单单有科技是不够的。只有将科技与人文相结合，才可能产生能让我们心灵歌唱的结果。"[1]

乔布斯所创立的苹果，看似是一个高科技公司，实际上其背后隐藏着浓厚的人文精神。"非同凡想（think different）"既是乔布斯个人相信的理念，也是他本人赋予苹果公司的理念，且这一理念持续至今。正是在这样的基因之下，公司才得以"创新""颠覆""叛逆"的方式打造了苹果一系列伟大的产品。

"苹果"的名字，最早是源于乔布斯本人去了一家苹果园，而苹果正好是他最喜欢的水果。英文"apple"在乔布斯看来有趣（fun），充满精神意味（spirited），也不让人觉得望而生畏（not intimidating）……而且A字母打头，在电话簿上也可以排在前页。[2]

而第一个苹果的标志，其灵感便来自牛顿坐在苹果树下，发现了万有引力的故事。牛顿是众所周知的科学家，也是一个新理论的发现者。这样的标志，同样隐射着苹果的"科技""创新""颠覆""非同凡想"的思维方式。

因此，苹果也是一个将个人基因、品牌基因与历史人文及科技结合得堪称完美的案例。

二、品牌要素

品牌要素可以被分为以下三类：

---

[1] Dediu, Horace. Steve Jobs's Ultimate Lesson for Companies, Harvard Business Review, 2011 [2022-8-5].

[2] 苹果公司历史 . History of Apple Inc, 2022[2022-8-5].

（一）"有形"部分

"有形"部分包括了一切与品牌相关的有形物。包括但不仅限于Logo、店铺、办公室、厂房、产品、产品包装等。

需要面对客户端的品牌Logo、店铺、产品是比较容易让人理解的，但厂房、办公室这些C端消费者看不到的方面，为何还要注意品牌问题？其实既是终端消费者看不到企业内部，但品牌员工、商业合作伙伴也都看得到，他们都是品牌传播的一分子。特别在现在的社交商业时代，一个人可以拍摄一段视频就为公司"传播"。

（二）无形资产

无形资产包括了企业员工的形象与表现，也包括所有与品牌相关的合作者（比如代言人、外包服务公司）的形象与表现。合作伙伴的形象与表现与品牌又有什么关系呢？

举个例子，我们常常从新闻看到一些知名企业被诟病他们合作的工厂发生一些诸如劳工或者环保问题的案例。其实很多情况下，这些工厂只是这些知名企业的合作方（供应商）。从法律角度而言，工厂并不隶属于知名企业，只是他们的商业合作伙伴。但为什么媒体总是批评这些知名企业而不是工厂本身呢？这些企业的问题就在于他们选择了有问题的工厂做供应商，这些都会影响一家品牌的外在形象与声誉。

（三）关系

"关系"无处不在。它存在于企业内部员工跟员工之间、上下级之间、同事之间的关系，也存在于企业内部跟外部所有利益相关者比如政府部门、供应商、经销商的关系。所有关系中，最重要的当然是与品牌消费者或者客户的关系。

由上可以看出，品牌要素贯穿在从个人到企业、合作伙伴一切的行为、言论，以及产品、店铺等一切与品牌相关的内容。

这也是为什么一家重视价值的品牌会非常注重公司从宏观战略到员工个人修养培训。

第四节　中国消费者对时尚品牌的认知[1]

如前所述，我们国内具有高价值的服饰品牌屈指可数。那么从消费者角度而言，"品牌"究竟代表着什么意义？品牌又包括哪些内涵要素呢？他们是如何定义"好"品牌的呢？以及消费者所理解的"好"品牌，与我们专家们及业内人士是否一样呢？根据我们的调研，消费者角度而言，他们对"好"的品牌定义依次为五个维度：好的质量、好的设计、好的服务、好的声誉、好的营销（图2-4）。

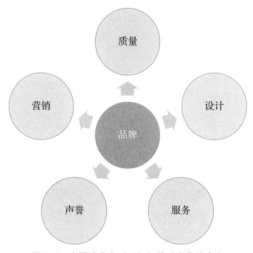

图2-4　中国消费者对"好"的时尚品牌定义

一、好的质量

"质量"，是调研中消费者最关注的一个品牌要素，也是大部分消费者为什么选择"品牌"的最重要的考量维度。在他们心目中，选择了一个可靠的品牌，就是选择了一个可靠的质量。这点也许与我们平时在媒体上，或者学术期刊上所看到的，大家买品牌更多是因为"它象征着某种身份"的这个结论有一定的差距。

---

[1] 2018年8到11月，笔者带领研究助理们一起做了一场关于消费者的调研。这场调研我们以线上及线下的形式访谈了近400名消费者。男女性样本比为3：7；消费者包括了"70后""80后""90后"及"95后"；城市包括了一线、新一线、二线、三线城市；职业尽可能地多元化。因为我们的调研目标是大众市场，故此次的调研样本主要聚焦在月收入12000元以下群体。

当然，这个也可能是我们的调研更聚焦于大众品牌消费，而"身份象征"可能更适合奢侈品牌消费。

消费者对"好的"质量诉求本身可能并不让人意外。对于一个真正有品牌观的品牌来说，他们也一向将质量视为核心。不过，大众消费群体究竟如何定义"好"的质量呢？

就总体而言，"好"的质量排前3个最重要的要素分别是：让人穿着感觉舒适；耐用（耐穿、耐磨、耐洗等）；以及"好"的面料。"好的"面料有很多细分要求，它们分别可以被分类为：

（1）手感：柔软、透气、亲肤；

（2）视觉：看上去高级、独特、无破损、无色差；

（3）成分：成分标识准确、无甲醛、天然成分；

（4）纤维：不变形、不起球、不掉毛、不起皱、不勾丝；

（5）功能：实用、轻便、安全、不累脚/磨脚、保暖、防臭、防滑减震、防水性、鞋底减振、鞋跟稳。

（6）板型：合身且令人感到活动自如。

（7）色彩：不褪色、不掉色。

（8）外观：不像仿品。

（9）味道：无异味。

（10）做工：细致、不开胶/脱胶、不开线、不偷工减料、车距细密、无线头。

更有意思的是，有的消费者还认为"不造假"，以及"匠人精神"也是好品质的部分之一。而这些，我们则可以视为是"价值观"的代表。

在另外个问题当中，消费者的反馈同样反映了他们对质量不满意的状况。我们的问卷中有个问题是"在最近1年的购买中，是否曾有过后悔买鞋服产品的经历？"72%的女性及55%的男性都有后悔的经历。而导致后悔的前3个原因是："尺寸不符""上身效果不好"，以及"不实用"。

其他的原因则如同前面的清单所示，基本为"不舒适""色差""面料不舒适"或者其他做工粗糙问题。就总体而言，导致他们"后悔的"，大多为品质问题。但是值得一提的是，并非所有的顾客在碰到质量问题时就一定会退货，特别是对于100元以下的低价产品。因为他们觉得退货也是很麻烦的事情（比如要上网填写资料等）。因此对于没有退货的企业来说，这并不代表顾客对产品就是满意的。

以上信息其实对国际一线品牌意义并不大，因为国际一线品牌的质量要求是极致的细致，他们通常单单就某个品类的验货标准都有很多明细的要求说明，但是该表对正在走向品牌化的中小企业应当有指导意义，特别是对于当下的电商企业更加有意义。电商一向强调"快"，而非"好"。事实上，在我们的调研过程中，大部分消费者买完后有质量问题的产品，都来自不知名的网店。而因为现在的竞争更加激烈，因此，在定价之下保证品质已是电商商家必须考虑的要素。

二、好的设计

对消费者而言，好的设计则代表着第二重要的品牌维度。消费者们认为，"好的品牌"理所当然应该具有好的设计能力。但什么是消费者认为的"好的设计"呢？在大众消费群体眼里，好的设计就是"简单＋独特的细节"。这部分内容将在"第三章消费者"案例部分具体体现。

三、好的服务

仅次于好的质量与设计是好的服务。

那么，在消费者心目当中，究竟什么是"好"的服务呢？现在为了提高业绩，业内普遍提高了对顾客的售前服务水平（比如提高导购给顾客穿搭造型能力）。另外，因为我们的调研消费者主要是大众群体，这也反映了虽然顾客买的是中低价产品，但他们对"服务"的要求并不因此而降低。消费者普遍反映，在所有的服务环节中，他们最在意的，也是最不满意的是"售后服务"。

（一）售后服务

消费者具体在意的售后服务包括：

（1）退换条件：非质量问题也可以退换、7天甚至更长时间的无理由退货。

（2）反响时间：能够快速退换货品。

（3）退换态度：不推卸责任、耐心解答。

（4）流程与标准：完善且透明的售后服务流程、有判断品质问题的清晰标准。

（5）便利：退换网点多。

（6）售后：可以以旧换新、可维修、鉴定正品及品质好坏。

（7）主动性：主动询问购买者的满意程度，提供打理与保养服务、主动告知服装的洗涤要求。

（二）服务态度

除此之外，接待人员的素质与服务态度也是他们所关注的。在人员方面，顾客关心的方面主要包括：

（1）态度：态度足够热情但不要一直跟着消费者购物（主要指实体店）、耐心且语气温和、陪同购物、像朋友一样、不推卸责任、不劝购、不刻意及过分推销。

（2）专业度：能给予顾客专业的搭配建议、了解产品的专业性、能随时专业地回答顾客的问题。

（三）其他"服务"

付款方式：延长尾款时间。

总之，顾客希望商家能够真正实践"顾客至上"的理念，真诚地对待顾客，而不仅仅是把他们当作买单的人。毫无疑问，对于商家而言，这也正是商家的痛点之一。特别是对于定价不高的大众品牌，如果希望自己的产品价格适中同时品质适中，那么就需要解决工作效率及员工执行力的问题。

四、好的声誉

声誉度，也是消费者关注的"好"品牌的维度。与做人一样，一个好的品牌，在消费者看来应该拥有"良好"的声誉。那么，什么是消费者认可的"声誉度"呢？

首先是"社会认可度"。包括品牌是否拥有良好的口碑，是否被大多数人熟知、喜欢且认可。

其次，品牌是否有自己的价值观？消费者定义的价值观包括：真诚对待消费者（呼应前面的服务与品质问题）、是否具备环保意识、是否传达正能量、是否诚信、是否有不断完善自己的精神、不剥削劳工、是否会传承历史等。其他的则包括，品牌是否拥有长久的历史。在一些消费者看来，一个品牌拥有更长久的历史本身证明它经过了时间的考验。

最后，该品牌是否在市场上拥有一定的地位（国内外一线的影响力；国际一线品牌等）。

五、好的营销

而"营销"，可被视为顾客眼中"最不重要"的品牌维度。提到"营销"要素的顾客占比不到20%。当然，这并不代表因此品牌公司的营销就不重要了。在当今资讯爆发的今天，即使有好的产品，但如果不通过合适的营销手段让大家知道这个品牌的存在，那么也依然无法得到消费者的认可。但是，这个对于那些本末倒置的品牌，也就是在营销上花费的精力大于产品研发的企业来说，是一个重要提醒。换句话说，营销再好，产品设计与品质不过关，依然是很难可持续的。

那么，消费者关注的"营销"内容有哪些呢？

（一）传播

"传播"指品牌的广告是否多？线上线下渠道是否都有？是否会定期发送新品信息？传播方式如何？能否让人一下子记住？传播内容是否完整且有重点？传播内容能否引发购买的欲望？

（二）定位精准

定位是否精准？指是否看得出其有特定的购买对象？

（三）品牌故事

品牌是否有自己独特的故事及文化？

（四）店铺设计

（1）店铺的设计与陈列是否令人感觉舒适？

（2）店铺风格足够有趣？

（3）店铺处在高端商场。

（4）店铺空间感十足。

（5）购买渠道足够多。

（6）有明星代言人。

最后，以下是调研对中国消费者对"好"的时尚品牌的定义小结（图2-5）。

质量	设计	服务	声誉	营销
• 舒适 • 耐用 • 面料 • 不掉色 • 功能 • 裁剪 • 工艺 • 护理	• 总体简洁大气但细节有特点	• 无理由退换 • 快速反应 • 态度端正、有耐心、不推卸责任 • 服务流程清晰、透明 • 退换网点多 • 可以以旧换新 • 主动联系客户询问顾客感受 • 能够回答专业问题	• 被大多数人认可的品牌 • 品牌具备自己的价值观 • 品牌拥有长久的历史 • 品牌在市场上拥有一定的地位	• 有传播 • 定位精准 • 店铺设计美好 • 足够多的购买渠道 • 有自己的明星代言人

图2-5　中国消费者对"好"的时尚品牌的明细定义

采访二　徐美闲：我如何"无为"创业？

小结

1. 没有品牌价值的品牌只是贴着商标的产品。

2. "品牌思维"与"卖货思维"有以下主要区别：

"系统思维"与"单款思维"。

"拼价值"与"拼价格"。

"长期主义"与"短期主义"。

3. 品牌系统之战略规划：

环境因素：

外部环境，主要用PEST模型来分析。

行业环境，主要用SWOT模型来分析。

企业内部环境，则主要从"资源""能力"与"核心竞争力"三个角度进行分析。

竞争者因素：

竞争策略有"成本优先""差异化"与"聚焦模式"。

商业价值：

商业价值即主要指企业如何为客户"创造"价值，向客户"传达"价值以及"抓住"客户价值。

4. 品牌系统之品牌要素：

根据战略目标梳理品牌愿景、价值观、DNA：

愿景需是利他主义的。

持有正确的价值观。

梳理品牌DNA。

品牌要素：

"有形"部分。

无形资产。

关系。

5. 中国消费者对"好的"时尚品牌定义：

好的质量、好的设计、好的服务、好的声誉及好的营销。

练 习

1. 参照本章第二与第三节"品牌系统"部分，对照自己所服务的品牌，看看在战略上还有哪些方面有待提升？你认为应该如何提升这些方面？

2. 如果你打算自己创业做一个时尚品牌，请参照本章节内容写一份品牌策划案，并分析该品牌策划案为何是可行的。

第三章　时尚消费者：从"消费者"到"合作者"

第一节　定义、概念与理论

一、消费者（consumers）与顾客（customers）

无论是在商业还是生活中，我们常常听到这几个相关的单词："消费者""顾客""客户"或者"购物者"。它们常常被交替使用。虽然如此，从学术概念而言，这些词汇也还是有些许区别。

（一）"消费者"与"客户"区别

"消费者"指"个人客户"，"客户"通常都指"企业客户"，前者是个体名词，后者是集体名词。在业内，我们通常用"2C（to consumers）"来代表"面对消费者"；用"2B（to business）"代表"面对企业客户"。在时尚业，绝大多数的产品是"2C"的，但也有部分业务会"2B"，比如制服业务、企业团购服装业务等。在本书中，我们主要探讨"2C"业务。

（二）"消费者""顾客"与"购物者"区别

"消费者"在学术界有广义与狭义的定义。广义的消费者代表了一切"购买（acquisition）、消费使用（consumption）、用后处置（disposition）"的人，而狭义则仅仅指产品或者服务的"使用者"。

如果以狭义的角度来看这些词汇，"购买者"是顾客，但不一定是"使用者"

（消费者）。比如，母亲为婴儿买产品，女性为丈夫买东西，都可以说明"购买者"并不一定是"使用者"。

在某些公司设计的问卷调研中，经常有这样一个问题，"你过去12个月中消费了多少金额的服装？"这里的"消费"很可能会被不同的读者理解为不同的词汇，这个到底指我"购买"了多少金额，还是我"使用"了多少金额的产品？在问卷设计时，应当具体区分这几个不同的词汇。在本书中，我们采取广泛的消费者定义。

（三）目标消费者

"目标消费者"通常是一个品牌启动时就必须解决的"定位"问题——即你的东西打算卖给什么样的群体？很多企业在刚起步的时候，大多只有模糊的概念，比如消费者的年龄、城市、职业、收入。例如，定位于25~35岁二三线城市的白领女性，但是这类定位都是比较粗略的。本章节的后半部分"用户画像"部分将具体呈现在今天竞争如此激烈的市场，我们该如何具体定位（细分）好我们的目标消费者？与打靶一样，只有目标清晰，才知道要做什么？怎么做？

（四）已消费群体

即"已经购买或者使用了产品（服务）的消费者"。针对这部分客户，目前大多数企业都是通过会员管理形式来维护与他们的关系的。对于已消费群体，企业目标其一是努力维护好这一群体的关系，并且力争把他们变成自己的长期消费者；其二则是要设法借助他们的力量，让他们愿意主动传播自己的品牌、产品与服务。前者涉及产品复购率（指顾客在一定时间内二次购买的行为），后者则决定了品牌的传播力。两者都是今日市场竞争的重要指标。

（五）潜力消费者

"潜力消费者"指那些有意向或者有能力购买我们产品的人，但出于某种原因，他们依然在观望，尚未购买过产品的人。

而另外一种潜力消费者则指"未来的消费者"。举例来说，运动品牌耐克长期坚持举办一些与中学生相关的体育活动，一定意义上也可以被视为"培育未来的消费者"。这个策略也是品牌防止"老化"的策略之一。很多品牌逐步被市场淘汰，在本质上都是因为被消费者而淘汰。消费者之所以"淘汰"这些品牌，也是因为这些品牌已经失去了与消费者们的链接。比如，蒂芙尼（Tiffany）2021年曾经发布了一场主题为"not your mothers（不是你母亲的）"的市场活动，结果遭遇了铺天盖地的批评❶。蒂芙尼的本意是为了拥抱年轻人，希望摆脱"上一代人"产品的形象，但表达方式上触犯了众怒。维多利亚的秘密（Victoria Secret）也是今天被认为一个"过气"的品牌："维多利亚的秘密从不改变，但世界已经变了许多。有一天我经过曼哈顿地铁站，看到他们的广告，我和自己说：'这张广告放在今天和30年前，几乎没有区别。'"❷这是由维多利亚秘密的前高级商品总监米歇尔·格兰特（Michelle Cordeiro Grant）2018年接受英国卫报（*Guardian*）所做的回答。

事实上，在我们国内类似案例也比比皆是。许多曾经行业内的顶尖品牌随着社交媒体时代的到来，就逐步脱离了自己的消费者，比如Esprit、艾格（Etam）、拉夏贝尔等。也因此，不仅仅关注现有消费者，关注未来的消费者也是品牌可持续经营的重要策略之一。

二、消费者行为

"消费者行为"可被定义为"从购买、使用到（用后）处置产品、服务、活动、体验的所有人类决策的思想与行为过程❸"。消费者行为研究是一个跨学科研究，涉及心理学、社会学、民族学、营销学、经济学等其他学科。同时，消费者行为也深受文化、社会、个人与心理因素影响❹。正因为消费者行为涉及诸多复杂因素，因此品牌很难预知消费者将如何购买、购买多少、以多少价格来购买自家的产品。可以这样说，正因为消费者行为的难以预知，才造成了我们如今许多工

❶ Adegeest, Don-Alvin. The Controversial "Not Your Mother's Tiffany" Campaign Aims to Sell Aspiration, Not Stuffy Jewellery, 2021[2022-4-30].

❷ Stevens, Jenny. Starvation Diets, Obsessive Training and No Plus-size Models: Victoria's Secret Sells A Dangerous Fantasy, 2018[2022-4-30].

❸❹ Jacogy J. Consumer Psychology: An Octennium[J]. Annual Review of Psychology, 1976: 331-358.

作上的困难：比如设计师难以确定究竟开发什么样的产品才会让消费者买单，但国内鞋服企业普遍对消费者研究并不够重视。

三、粉丝（关注者）

社交媒体还"捧红"了一个单词——"粉丝"。"粉丝"在传统时代主要用于形容特别喜欢或者关注某一明星或者知名人士的人。今天，但凡玩社交媒体的人都会有那么几个"粉丝"，或者"关注者"。今天的"粉丝"一词已经不再仅仅局限于明星人物了。

"粉丝"与"用户"的区别：如果某网红在全网有100万粉丝，是不是这100万都是他们的潜在用户（消费者）呢？不一定。其一，社交媒体上粉丝数量造假非常严重。专门有各种软件或者机构帮助刷粉丝数量，这些粉丝其实是假粉丝。"刷粉"现象之所以存在，主要也是为了获得品牌方的广告预算或者商业邀约。其二，每个人关注某个账户的目的是不一样的。这其中，有的可能确实对企业产品感兴趣；但有的关注者可能只是为了学习该账户如何运营自己的社交媒体；也有的纯粹就是竞争者，他们关注你的一举一动，只是在等候一个恰当的机会来攻击你……所以两者概念并不相同。

四、时尚消费经典理论：符号理论

在时尚消费理论里，最经典的理论当属于"符号"消费理论。不少名家都涉足过符号消费理论，比如是社会学家同时也是经济学家的马克斯·韦伯（Max Weber），以及写了《消费社会：从商品拜物教到符号拜物教》的法国社会学家让·鲍德里亚（Jean Baudrillard），还有写了《流行体系》的罗兰·巴特（Roland Barthes）等。这个也是时尚类产品区别于其他产品的显著特征。大部分人今天买衣服都不是因为缺少衣服，恰恰相反，大部分人的衣橱里还有很多被闲置的衣物，但为什么消费者还要每一个季节买新衣服呢？是因为它象征着一种"符号"，这种符号的意义可能是：流行、时髦、社会身份、社会阶层、女性气质等。虽然理论上来说，手机、电脑、食物、餐饮也可以一定意义上代表着某种"符号"，但相对而言，穿戴在人体身上的物品，显然是最直接也是最容易被看见的表达方式，也因此，学者们在研究符号意义时也多喜欢用时尚与奢侈品来表达。而时尚中的营销重点，更是在于塑造时尚的"符号"意义与价值。在这方面，最成功的当属于奢侈品。奢侈品可以高价出售，并非仅仅因为其创新的设计、精湛的制作工艺，更主要在于其品牌所带来的符号意义。

第二节　时尚与其他日用消费品的区别

一、衣着类产品是人们日用消费品中消费占比最低优先级的产品

从我国官方统计数据可以看出，无论是在哪一年的"社会消费品零售总额"数据中，在人们的日常开支里，教育、医疗、食品、烟酒及房屋租赁等明细中，衣着类消费金额占比倒数第二，只排在"其他"类别之上。也就是说，除了其他杂物式的消费，衣着（包括鞋服配饰）是排名末位的一类消费产品。同样，就全国统计水平来说，全国人均一年在衣着上的开支总计不到2000元，仅占人均年总收入的4.5%左右❶。

意识到这一点，对于无论是创业者还是职场新人，或是资深的设计师、买手、销售等鞋服业工作者而言，都是非常重要的。如果不曾关注这些全国统计数据，许多从业者是无法理解中国市场之巨大以及中国人口背景之多元化。从业者常常将自己眼界所见的市场视为中国市场的全部。比如，大部分的设计师和买手生活在上海、北京、深圳这样的大都市，但是商品所销售的地区却可能是二三线，甚至四五线城市。这些设计师、买手并不一定总有机会个人下沉到这些地方去花时间了解市场，也因此造成他们误以为全国大众的消费金额差不多，消费品位、产品喜好大同小异，会以个人的眼光以偏概全判断市场。

二、时尚是美学产品

消费者购买产品基本主要因为两个原因："实用（功能）"或者"享受（精神）"。对于时尚这类产品，精神享受主要来自时尚给穿着者带来的"美"感。也

❶ 国家统计局官网数据。

因此，美学是消费者决策中一个非常关键的因素❶，而产品的美学通常由设计师决定。这听上去似乎是一个显而易见的道理，但事实上设计师们经常发现，自己觉得美的产品往往卖不掉，反倒是自己觉得很土的产品卖得不错。设计师或者买手常常把这个问题归结为国内消费者的审美品位有待提高。我们暂且不论这样的说法是否正确，但时尚产品的消费确实深受个人审美品位影响，且大多数时候这种品位是主观的，这也加大了服装产品的开发与销售的难度。毕竟对于一个商家来说，要了解这么多消费者各自的审美品位其实是相当困难的。

而事实上，这其中并不仅仅是消费者需要美学教育的问题，同时设计师也需要深刻了解消费者的需求到底是什么。也因此本章的最后案例部分，呈现了中国消费者时尚美学调研结果，期待它能够帮助中国时尚行业的从业者更好地了解本土消费者。

三、时尚是符号产品

如上节所述，时尚代表了穿着者的"身份"（你属于哪个阶层或者社会团体），"符号"（女性气质、男人气质、充满活力、少女感等），以及品位（有品、没品）等。

四、时尚产品属于"非标准"产品

相对于手机、电脑、食品、汽车、美妆这些日用消费品，鞋服属于"非标（准）品"，所以无论是其制造还是销售难度都大于其他日用消费品。从销售端而言，以尺寸问题举例，每一年，企业总有很多服装库存是因为尺寸问题而滞销的——即使产品设计很棒，营销也做得到位，但只要消费者穿上身，他（她）觉得尺寸不合适，那么品牌在这款产品上花的所有心血都在这一刻化为乌有。同样也因为是非标品，时尚产品对消费者需求的预测也变得更加困难。

五、时尚产品线非常宽泛

现在的服装企业一般企业开发的SKU（Stock-keeping-unit，最小计量单位）一年在2000~5000不等，而最高的（比如大型电商）一年SKU开发量可以达到20

---

❶ Hoyer D W,Stokburger-Sauer E N. The Role of Aesthetics Taste in Consumer Behavior [J]. Journal of the Academy of Marketing Science, 2012, 40: 167-180.

万~30万。其他产品，比如手机、彩妆、电脑、汽车的SKU线都不会如此宽泛。因此，时尚类商品的管理复杂程度远高于其他一般商品。

六、时尚产品深受流行趋势的影响

时尚深受流行趋势的影响，而每一年的流行趋势又深受流行周期、文化、社会、政治、经济等方面的影响。当具体到每一个市场每一个品牌，企业其实并不知道明年在目标市场上到底会流行什么（色彩、廓型、面料等）。到目前为止，绝大部分企业主要还是靠经验和一些基本的方法论做判断，这其中多少还有些碰运气的现象。一个再成功的品牌，如果没有抓住本应该抓住的流行元素，其衰败也是很快的，历史上不少服装品牌就是这样被流行淘汰的（图3-1）。

每一年，专业的流行趋势预测机构会通过"流行趋势预测报告"形式发布具体的流行元素（情感、主题、廓型、面料、色彩等）。

从消费者端而言，主要有5类流行趋势的消费类型：

（1）时尚的创新者（Fashion innovators）：他们创新时尚。通常他们是先锋式设计师与艺术家们。

（2）意见领袖（Opinion leaders）：他们是流行元素的早期接受者与推动者。通常他们是明星、KOL（Key Opinion Leaders）与网红。

（3）大众主流（Masses）：他们大多是主流追随者。等周围人都穿了开始跟随。

（4）晚期追随者：这些人在流行元素进入尾期时开始跟随。

（5）后知后觉者：他们几乎不关注流行。

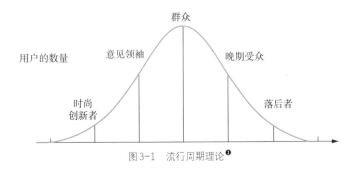

图3-1 流行周期理论❶

---

❶ Corbellini E, Saviolo S. Managing Fashion and Luxury Companies[M]. Milan: Rizzoli Etas,2009.

七、时尚是文化产品

就好比有"高雅艺术"与"流行（大众）艺术"一样，时尚也有"高低之分"
（图3-2）。

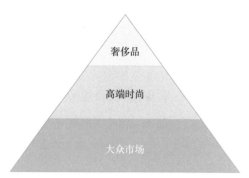

图3-2 时尚品牌定位

比如，普拉达（Prada）、古驰（Gucci）与香奈儿（Chanel）就属于奢侈品；
ZARA、H&M 与优衣库（Uniqlo），以及国内的森马、海澜之家就代表了大众市
场。而诸如蔻驰（Coach）、凯特·丝蓓（Kate Spade）、汤米·希尔费格（Tommy
Hilfiger）、中国的女装品牌雅莹、鄂尔多斯等则代表了中高端市场。

时尚产品的文化性通常体现在不同地区的消费者对同款产品的不同反应上。
国际品牌经常会遭遇在有的国家市场卖得很好，在有的地方卖得很差的现象。即
使对于国内本土品牌，也会发生在某些城市卖得好，在某些城市就滞销的现象。
除了一些客观因素，比如政治、社会因素外，其中一个很大的原因就是当地文化
的影响。

举例来说，欧美的一些品牌特别喜欢开发低V领的裙装，但低V领到了中国就
很难销售。这里主要有两个原因。其一与人群体型有关。欧美女性的体型总体比
较高大，人体偏厚实，胸高点也比较高，所以她们穿低V领很合适；但是对于身材
相对偏瘦的中国女性来说，低V领衣服就很难适应这样的体型。其次也与文化有
关。中国女性总体还是偏保守型的，愿意穿低V领的人并不多。所以因为不了解消
费者的文化，而导致产品卖不出去的案例也比比皆是。

"文化挪用（Cultural appropriation）"也是时尚品牌经常涉及的文化问题之一。
文化挪用通常指以"窃取"的方式不恰当地使用某一民族、部落的文化元素（比

如图腾、座右铭、纹样、图案等）。不过，要区分"挪用""借鉴"与"灵感来源"也比较困难。

八、服装受气候影响

和农业一样，服装也是一个靠天吃饭的行业，对于线下实体店尤其如此。最典型的案例便是每年的冬季是最让商家期盼但又很焦虑的时刻——今年是寒冬还是暖冬？要不要做羽绒服？要做多少款羽绒服？多少量？冬季产品因为单价容易卖高，所以商家会在这个季节铆足了劲儿，但如果企业款式"押"错了宝，很可能就错失了一个大好的销售机会。

第三节　从传统商业到社交商业，消费者行为的变化

一、从 4A 到 5A

营销家菲利普·科特勒（Philip Kotler）教授等人在《营销革命4.0：从传统到数字》❶中总结道，从传统时代到数字化时代，消费者的消费行为过程从"AIDA"发展成了"4A"及至今天的"5A"：

（1）AIDA：注意（Attention）–兴趣（Interest）–欲望（Desire）–行动（Action）❷。

（2）4A：❸知道（Aware）–态度（Attitude）–行动（Act）–再次行动（Act again）。

此条路径指，消费者首先"知道"了或者"了解"了某个品牌（产品），产生了一定的态度（喜欢、肯定），随后会采取行动（购买），并在需要的时候会再次购买。

（3）5A：知道（Awareness）–吸引（Appeal）–询问（Ask）–行动（Act）–

---

❶ Kotler P, Hermawan K, Iwan S. Marketing 4.0: Moving from Traditional to Digital [M]. New Jersey: Wiley, 2016.
❷ Theory from E. St. Elmo Lewis (1898).
❸ Theory from Derek Rucker of the Kellogg School of Management.

拥护（Advocate）。❶

"5A"模式是当下数字化时代消费者消费行为过程。

（一）吸引

为什么到了数字化时代的"知道"，多了一个"吸引"的环节？

现在是一个信息爆炸的时代，占用消费者的注意力正变得越来越困难。大家不妨计算下：每天自己手机上会收到多少条来自不同平台的信息推送？朋友圈、微信群里每天又会刷到多少信息？因为信息太多，消费者停留在某个单项内容的时间越来越短暂。学者研究表明，一个用户在某个页面只会停留50毫秒便会决定是否要继续深入探究这个页面或者网站❷。因此，从商家的角度而言，如何能在最快的时间（几秒）内引起消费者的注意，并且尽可能长期占用他们的注意力，就成为一大挑战。

而在信息看似泛滥的今天，同时也正在给消费者制造"信息茧房"。信息茧房是颂斯坦（Sunstein，Cass）于2006年提出的概念，指计算机算法会根据读者个人喜好不断推送符合他们喜好的信息❸。这也是为什么如果你曾经关注某类信息，你会发现自己几乎每天都会收到类似的信息内容。久而久之，我们每个人看到的、认识的世界，便是基于我们其实是被算法"制造"的世界。这造成了一方面，我们似乎看到了很多信息；另一方面，其实我们看到的是极其片面的世界——还有很多信息被算法所制造的"茧房"所屏蔽。将此原理应用到消费场景，则指许多商家的信息从未被推送到顾客的手机上，当然也就无从引起消费者的注意与认识了。

（二）询问

传统时代，购物的时候顾客可能也会询问自己周围的家人与朋友，但是数字化时代，这种询问则变得更为便利了：通过微信朋友圈询问下购买过的朋友的经验，或者跟随自己关注的KOL、网红的推荐，这本质也是一种询问形式。这也说

---

❶ Kotler P, Hermawan K, Iwan S. Marketing 4.0: Moving from Traditional to Digital [M]. New Jersey: Wiley, 2016.

❷ Lindgaard G, Fernandes G, Dudek C,et al. Attention Web Designers: You Have 50 Milliseconds to Make A Good First Impression[J]. Behaviour & Information Technology, 2006,25(2): 115−126.

❸ Cass S R. Infotopia: How Many Minds Produce[M]. Oxford: Oxford University Press, 2006.

明，消费者受周边人与 KOL 的影响也越来越大。

"吸引"与"询问"都可被视为一种"了解"的过程，在充分的了解与评估后，消费者才会采取行动购买某个产品。

（三）拥护

"拥护"是指消费者是否有继续购买、推荐、分享的意愿？对于商家而言，则意味着如何能鼓励消费者购买后愿意推荐并分享给朋友们？数字化与社交化商业时代，消费者对其周边的人的影响越来越大，因此鼓励他们在朋友圈分享与推荐也成为营销中重要的策略。就这点而言，对商家来说既是好事也是坏事。随着社交媒体的普及，今日谁都可以在朋友圈或者社交媒体上转发跟品牌及商品相关的任何内容。如果用户发的是一条正面评论，那么对商家而言，这是一件不花一分钱的好广告；但如果是条负面评价，那么其产生的网络影响力可能就是灾难性的。也因此，企业在今天的社交网络上来维护品牌声誉难度越来越高。

二、今日的消费价值观正在走向多元化

今天大家买东西，已经不再是秉持某一种单一的消费价值观了。比如在20世纪80~90年代，"节俭"几乎是一种普遍性的消费价值观。因为那个时候物质还不太丰富，所以节俭也是必然的。而今天，大家的消费价值观就很丰富了：有的人认为生活就应该享受，所以有钱就要消费享受；也有人觉得，自己虽然没太多钱，但也想拥有和有钱人一样的感觉，或者至少让别人觉得他们属于有钱人，所以他们会花几个月工资去买一个奢侈品包包，甚至几个人拼单买一个奢侈品包包，包一场五星级酒店的下午茶，然后拍照秀生活等。还有一种则是截然相反的。这几年，也有更多的人开始享受极简生活，鼓励少消费、买精品，甚至不消费，他们也将此视为对"可持续时尚"的支持。

消费多元化还体现在小众文化的流行。比如近几年逐步在"Z世代"中流行的"养娃"方式（不同形式的人偶娃娃，为她们做发型、捏脸、做衣服等被称为"养娃"），"三坑"服饰（洛丽塔、汉服、JK制服），以及Cosplay（游戏角色扮演）都是消费多元化的表现。

三、今日的既消费者不仅仅是"消费者"，还是商家的"合作者"

虽然本章开篇对"消费者"定义是"购买、使用及处置产品的人"，但是今天消费者的身份已不仅仅局限于这些行为，他们同时也是商家的"合作者"。消费者是通过什么样的形式来跟商家合作的呢？

（一）大数据

最直接的合作形式即商家信息系统后台收集的用户大数据。商家通过这些数据更精准地了解消费者的要求，这些要求能够帮助企业更好地开发产品。比如对于像天猫、京东这样的平台，当用户在他们的APP、网站上浏览、购物、评论时，用户所有的过程都以数据形式留在了这些平台的后台系统中：顾客几点几分登录，购买了什么，浏览了什么，收藏了什么，在每页页面停留了多久……这些数据汇总起来，就可以给商家留下很多关于用户购物习性的信息。商家可以依据这些数据更加精准地去分析他们为什么买或者没有买某个产品？他们可能需要什么？根据他们需要的，我们应该开发些什么新产品？

以前实体店会抱怨他们没有电商的这些数据优势。在电商发展的前10年，数据优势确实极大帮助了电商能更快、更精准地抓住消费者需求，但今天实体店的收集数据能力也极大提高。实体店大数据的收集主要靠摄像头、录音机、RFID射频技术❶等来全程记录消费者从进入店铺到离开店铺的行为轨迹，甚至有的店铺在消费者踏上店铺地板的那一刻，就可以收集消费者的鞋码与鞋型等。

这些无论是消费者知道或者不知道的数据收集行为，都是消费者无意中参与了产品开发。当然，随着法律的健全，这些可能涉及消费者隐私数据的收集也会被法律更加规范的。

（二）消费者与商家之间的互动

消费者其次的参与方式就是通过社交媒体或者商家店铺来参与合作。举例来说，商家可以在社交媒体上发布新产品之后，请大家或者请有合约的KOL、测评

---

❶ RFID，"Radio Frequency Identification"的缩写，属于一种非接触式的数据通信手段。可以附加在衣服上，实时跟踪服装的位置：比如服装何时被顾客拿到了试衣间，何时放回衣架，又何时被拿到收银台等。

师来做买家秀或者测评。这些被商家刻意安排的评论将引起其他用户更多的提问、互动与评论。真正的消费者在购买使用了产品后也会留下自己的评论。用户的真实评论对于商家来说是非常有意义的。商家可以根据评论、提问来分析消费者为什么会购买这个产品？产品有哪些地方是让消费者满意的？有哪些是商家需要改进的？也有更多的商家做了自己的客户微信群。将顾客集中在一个社群里，能让商家更加直接地了解消费者的喜好、购买习惯、穿着痛点等信息。这些均可被视作消费者与商家"合作"的一种模式。

（三）直接邀请消费者参与产品开发

美国 Beta Brand 品牌邀请用户在其官网上给设计师的草图方案提供评论与投票。用户的反馈会被公司收集并用于设计师修改他们的设计方案，用户投票最多的产品会被投入生产。用户也可以用众筹的方式先付款，并获得一定折扣的优惠。Nike by You（前 Nike ID）则是针对顾客个人喜好提供球鞋个性化定制最成功的商业案例。登录 Nike 的官网，消费者选定一双球鞋后，可以对包括鞋舌、鞋底到鞋面、鞋帮及 Logo 的颜色做选择，最后还可以加上自己个性化的签名，并决定将 Logo 放在哪里。这些都是让消费者从单纯的购买者变成参与者的方式。

总之现在消费者跟商家之间有了更多的直接沟通渠道，这些直接沟通的渠道让消费者参与企业产品开发与营销成为可能。

四、管理消费者方式从"交易管理"到"关系营销"

正因为消费者与商家的关系越来越紧密，针对消费者的营销策略也发生了改变（表3-1）。

表3-1　从"交易管理"到"关系营销"，两者的主要区别

内容	交易管理	关系营销
目的	买卖	与消费者保持长久的关系
策略	销售、广告、促销	CRM（Customer relationship management，顾客关系管理）策略
时间性	短期主义	长期主义

续表

内容	交易管理	关系营销
KPI（Key Performance Indicator，关键衡量指标）	销售业绩	连带率（顾客一次性购买了几件产品）复购率（顾客在一定时间内再次购买的频率） 顾客关系生命周期价值（Customer lifetime value，CLV，顾客从开始购买至今的时间周期，以及如何延长顾客关系生命周期）
行为	购买、使用与处置	购买、使用、处置与拥护
工具	会员卡	SCRM 软件（Social Customer Relationship Management，利用社交软件维护顾客关系）
结果	顾客购买	提高与顾客间的沟通效率 为对的顾客匹配对的信息 为顾客提供便利 为顾客提供定制服务 满足顾客更加多元化的服务
商业逻辑	顾客寻找商品	将对的商品推送给对的顾客

以下虚拟的购物案例，能够具体体现数字化时代的购物体验与传统时代究竟有何区别：

（一）传统时代的商场购物

（1）搜索：小王需要去百货商场通过逛街的方式找到他所需要的产品。同时，商家也无从知道他究竟要买什么产品。

（2）试穿：小王如果看中了某家店的产品，需要自己去试衣间试穿每件衣服以确定产品是否适合自己。通常店铺导购也并不清楚小王为什么会买或者不购买某些衣服。

（3）购买：小王决定购买这款产品，需要在收银台排长队等候支付。

（4）会员卡注册：导购邀请小王注册会员卡，以便于未来可以在积分积累到一定程度上获得更多的优惠。同时店铺会人工收集小王的联络方式与交易明细。

（5）物流：小王需要自己拿着大小购物袋去乘公交车回家。

（6）使用与退货：小王回家打算穿着时发现了一些产品的问题，他不得不再次回到店铺去退回产品。

（二）数字化时代的商场购物

（1）搜索：小王可以先在百货商场APP或者商场内部的电子屏幕上搜索他所想要的产品。即使未来他什么也没买，商家也知道他搜索了什么，并设法分析为什么他最终什么都没购买。

（2）试穿：小王可以通过手机上的试样APP或者店铺里的试穿屏幕虚拟"试穿"不同的衣服。这种虚拟试穿将极大节省个人试穿所需要的时间与体力。小王可以根据虚拟试穿的结果，再决定他最终实际需要试穿哪几件衣服。即使最终小王什么也没买，店铺也依然在这个过程中收集了相关的数据：试穿软件已经收集了小王的款式、色彩喜好与色彩，服装商品上的RFID则也收集了小王选择的产品信息及他耗费了多长时间试样。衣架上的"面部扫描仪"则完整地"记录"了小王在试穿整个过程中的表情，这些数据将在未来被用来分析顾客为什么在尝试这些产品后没有最终购买？

（3）支付：假如小王决定购买，他有两种购买形式，一种是排队在收银台支付，RFID技术允许顾客一两秒内完成付款；另一种是小王也可以直接自己扫码产品，用手机支付。

（4）虚拟会员卡：在购买达到一定金额时，小王会自动从商家小程序上收到一份"虚拟会员卡"。这张卡不仅仅只是提供价格优惠，还可以为顾客提供以下服务：

①向顾客推送公司所有相关的促销信息、市场活动等。

②邀请顾客参加时装秀或者其他店铺沙龙的服务。

③通过授权第三方为顾客送上到家服务。

④为顾客提供"订阅式"产品服务❶。

（5）扩展服务：数字化时代，商家提供给顾客的服务更加丰富了，比如：

①时尚穿搭服务：小王可以从店铺收到关于穿搭造型的资讯，并且店铺专业的造型顾问也可以为他提供免费的造型咨询服务。

②陪购：店铺还可以为VIP顾客提供陪购服务，根据顾客预算，带领顾客去

---

❶ 订阅式产品服务最早由美国stitchfix网站提供的一种服务形式。该网站根据顾客个人喜好与个人身材与肤色信息每个月提供"一盒新品"，顾客选择好自己需要的产品后，直接将不需要的产品退回顾客即可。顾客除了支付产品费用外，只需按年度支付少量的"订阅费"即可。

合适的店铺购买产品。

③独家上门服务：2020—2022年期间，奢侈品公司诸如LV、PRADA还为被封在家的VIP客人提供了送菜服务。越来越多的高端品牌正在成为顾客的高级"管家"，他们不仅仅为顾客提供自家产品服务，还会为他们提供生活方面的服务。

第四节　中国时尚用户画像及消费习性

一般来说，"用户（顾客）画像"主要指用户的人口结构背景（年龄、城市、职业等）生活方式（使用手机型号、上网时间、工作地点、去了哪里、消费了什么……）消费行为（收藏/关注/喜欢/加入购物车了什么、买了什么、购买路径、耗时多久、金额……）等。但针对时尚消费这类较为复杂的购物行为，则还需要更多的要素考量。在这个"以用户为中心"的时代，我们对我们的顾客了解越加详细与精准，也就意味着品牌才能更好地占领且拥有市场（图3-3）。

图3-3　根据消费者用户行为理论扩展出的时尚用户画像

一、人口结构与生活方式

人口结构相关数据可以从国家统计局官网查到。比如城镇人口与农村人口数据、人口年龄分布、性别占比、人均收入、人均消费等数据。

"生活方式"在此处指一个消费者平时主要的生活日程表，包括他们在什么时间，大概会出现在什么场合，需要做什么样的事情。由于大多数的鞋服品牌主要针对职场人士，所以这里重点以职场人士为例总结他们的生活方式（图3-4）。

图3-4 一般人群生活场景

随着人们生活内容的日益丰富，上述社交场景也会变得更丰富并进行再细分。比如，单旅游所需要穿的服装，去爬山与去海边需要的是不同的衣服。而运动本身也会根据不同的运动种类有更多的细分市场。

只是根据上述十几种生活场景的总结，再结合消费者的职业、年龄、岗位特征，这意味着我们可以将我们的消费者细分至少十几类。比如，同样是30岁的老师，一个音乐老师与一个教体育的老师，他们在工作中穿的服装是不一样的；同样在职场，25~35岁的人，25岁作为初入职场的人，与35岁已经做到可能总监级别的人，对着装的要求也不相同。

再如很多商家做商务装却忽略了女性对商务旅途着装的需求。事实上，传说中的金领女性（咨询顾问、律师、审计专家、金融专家等），她们的年收入以百万元计算，但她们中有不少人认为从市场上买不到适合自己的衣服[1]。对于这个群体来说，钱肯定不是问题，但是她们普遍并不会购买奢侈品——因为她们大多数的时候，都在奔跑：跑着去赶飞机、高铁；跑着去开会；跑着去见客户。一年365天，她们至少有300天在飞或者出差，所以她们对服装第一要求是功能性的——她们需要拎起来就能穿，不用熨烫、打理，而且便于奔跑的衣服，过于娇贵的奢侈品并不完全适用于这种场合。另外，从社会角色来说，因为要经常面对不同行业不同类型的客户，这些职场女性也不宜总是穿着可能让客户感觉"你怎么穿得比我还贵"的奢侈品服装与对方谈判，但与此同时，她们又非常需要具有良好的品质、简洁大气但又不是千篇一律设计的衣服。

---

[1] 根据笔者市场调研。

最后她们最大的问题是——没时间买衣服。因为工作过于繁忙，她们常常在机场等飞机的时候买东西。仅仅从这个细分市场而言，高频次出差的职场女性高管对着装的要求可以被总结如下：

（1）便于奔跑或者快速行走的裤装。

（2）穿着舒适但又得体（所以过于紧身或者松垮的廓型都不适合）。

（3）色彩不能太艳丽。

（4）有设计感不能千篇一律，品质上佳。

（5）容易搭配。

如此细分顾客的生活场景，作为商家便可以为VIP客人定制一周穿搭建议（以下A、B、C、D代表不同的款式）。正如本章前部分所述的"关系营销"，这种精细化的服务模式，可以极大提高顾客对商家的信任度与依赖性（表3-2）。

表3-2　金领职场女性可能需要的一周着装搭配

	周一	周二	周三	周四	周五	周六	周日
白天	办公室会议	正式商务会谈	休闲商务会谈	企业咨询	企业咨询	企业咨询	休息见朋友
着装要求	要随时能奔跑但又得体的穿着，以裤装为主						休闲
连身裙	平时几乎没有机会穿裙子						X
外套	A	A	F	F			
上装	B	B	G	J			
内搭	C	H	H	K			
下装	D	D	I	I			
鞋子	大部分时候必须是平底休闲鞋，或者随身带着跑鞋						
配饰	几乎不戴						
	旅途	旅途	晚宴				
	酒店	酒店	酒店	酒店	酒店	回家	

二、品牌认知

第二章"品牌"的案例部分已呈现中国消费者对"品牌"的认知与定义。此处不再赘述。这里简单分享本次调研所发现的大多数消费者对品牌的认知开始的时间。

对于"70后"来说，他们第一次购买品牌的时间极大晚于其他代际的消费者。近52%的男性及42%的女性"70后"是在工作后十多年才开始买有品牌的服饰产品。这一方面与当时的社会环境有关，毕竟国内大众对服饰有品牌意识也是到了20世纪90年代中下期，有的地方可能还要晚。随着代际年龄的年轻化，更多的人在中学时代就开始买品牌了。比如，26%的"80后"男性，33%的"80后"女性是在中学开始买品牌；这个数字到了"90后"分别变成了74%与39%；到了"95后"则变成了69%与46%，甚至在"95后"，16%的男生与12%的女生在小学就开始购买品牌了。这里需要澄清的是，未成年人时的购买多在父母陪同下。据大多数消费者说，虽然是他们小时候家长为他们买的，但他们的父母在购买前都会征询他们的意见。

上述数据给品牌两条启发：

（1）培养未来的消费者确实有意义：如本章开篇所介绍的"未来消费者"概念，越来越多年轻甚至幼小的消费者尽管他们本人并没有购买能力，但他们是商家未来的消费者。

（2）年轻的父母更尊重子女的意见：如本章开篇所述，消费过程中，有使用者、决策者与真正购买产品的人。这三个角色可能是同一个人也可能是不同的人。但当下有一个明显的趋势，年轻的父母越来越重视或者尊重子女的意见——尽管他们尚未成年。这与我们传统时代的消费观已经发生了巨大的改变。对于"70后""80后"的童年，他们大多并没有消费决策权。

三、美学认知

审美是"人类的基本共性"[1]。通常来说，"审美（能力）"被视为"一个人对美感的敏感度"，而这又与个人的品位息息相关[2]，且品位是基于"情感反应"的"个

---

[1] Vernon P E, Allport G W. A Test For Personal Values [J]. The Journal of Abnormal and Social Psychology, 1931, 26(3):231–248.

[2] Hoyer D W, Stokburger-Sauer E N. The Role of Aesthetics Taste in Consumer Behavior [J]. Journal of the Academy of Marketing Science, 2012, 40:167−180.

人判断"❶。审美品位既是主观的也是客观的。这也是为什么对于时尚产品来说，预测消费者可能会喜欢什么新品是极其困难的，因为他们的审美可能会随着环境或者时间的变化而有所变化。

本书将消费者对"美学的认知"定义为他（她）们"对时尚穿搭的知识的专业度与深度"。不过，我的调研也表明国内消费者对服装穿搭方面的知识水平总体不高，甚至有许多错误的认知。比如：许多消费者都声明自己有某种特定喜好的风格，但在定义某个具体风格时，大多数人的理解又是含糊不清的。比如一位"90后"女性在回答"（自觉）什么样的衣服能让自己变美？"时，她说："符合自己的身形和性格气质的（就是美的）。我喜欢欧美风格的。"

当被追问她所理解的"欧美风"是怎样的，她则将欧美风格定义为"比较宽敞（大）、简约大气、经典不过时"。

而在另外一个同为"90后"女生的定义中，"欧美风"被认为"酷酷的"，以及"（图片中的）模特儿是混血，感觉（就像）欧美风……图片（上的模特儿）穿着简单随性在我看来有点儿欧美风。"这个女生将欧美风定义为"酷酷的""简单随性的"以及根据模特儿的肤色来判断等。

再来看看普通消费者所定义的"英伦风"：

一位"80后"女性在谈论到她所选择的一幅图片时说："（我理解的）英伦风就是自然优雅、含蓄高贵、贵族风格，英伦风是以苏格兰格子为特色的，像ZARA和Levi's（那样的）。"

而实际上，ZARA很少会被业内人士视为代表"英伦"风格，虽然它总体偏向欧化；Levi's则是典型的美国风格（T恤＋牛仔）；而"自然、优雅、含蓄、高贵贵族"则是难以被具象理解的主观词汇。

就总体而言，消费者对"风格"的定义非常主观，而其实即使是设计师、买手也不一定对"风格"有统一的认知。而平日时装公司调研又经常问消费者类似于"以下哪种风格是你个人所喜欢的？"因为定义不一样，其实这样的问题即使获得回复，意义也不大。

---

❶ Charters S. Aesthetic Products and Aesthetic Consumption: A Review [J]. Consumption, Markets and Culture, 2006,9:235–255.

消费者对穿搭知识的欠缺也体现在对色彩的认知方面。比如几乎每个女性消费者都会更加关注色彩，因为这决定了服装是否可以让自己的肤色"显白""显亮"，或者"显年轻""精神"等。以"暖色"为例，在专业定义里"红色"被视为"暖色"，而且通常这个指饱和度高的红色，低饱和度的红色其暖性已经极大降低了。但很多消费者将米色、驼色、白色甚至是冷色调的蓝色也视作暖色，觉得这些暖色能让自己皮肤显白（其实还要根据肤色以及具体的色彩）等。

专家研究表明，消费者对一项产品（服务）的专业知识多寡，也会影响他们的消费习性❶。通常来说，消费者对某些产品的知识了解得越多，对商家的销售要求就越高。而消费者对产品知识的误解也会加大销售的难度。因此，品牌对消费者的教育与引导在消费行为中扮演着重要的角色。

总之，穿搭知识可以说是消费者最渴望但同时又是他们并不专业的领域。虽然网络上有很多免费的图文、视频或者课程，但用"鱼龙混杂"来描述这些所谓的穿搭知识也不为过。而对于品牌及企业来说，也许以行业之名，集体梳理下当下国内穿搭知识体系及中国人的体型与肤色特征，形成真正符合中国消费者体型、肤色、穿着习性、季节及职业特征的穿搭体系，才是真正对行业及消费者的更有价值的贡献。

四、消费者决策类型

消费者决策类型是指"当消费者决定做某项选择时其大脑的思考过程"，决策过程包括了"认知"与"情感"因素❷。虽然这是20世纪80年代在欧洲做的决策模型，但到今天为止依然被国内外的学术界广泛使用。

首先需要澄清的是，这些决策类型界限感并不清晰，且一个消费者可以同时拥有两种甚至更多决策模型。比如，追求完美的人可能也是忠实主义者；且同个消费者针对不同品类，他们的决策类型是不一样的。比如，同一个消费者，在购买服装与美妆品时，他们的决策类型很可能是不一样的。企业可以通过相应的调研了解自己的目标群体是如何决策的。而针对不同的消费者决策，可以针对性地

❶ Bettman R J, Sujan M. Effects of Framing on Evaluation of Comparable and Noncomparable Alternatives by Expert and Novice Consumers [J]. Journal of Consumer Research, 1987,14:141-154.
❷ Sproles B G,Kendall L E. A Methodology for Profiling Consumers' DecisionMaking Styles[J]. The Journal of Consumer Affairs, 1986, 20(2): 267-279.

使用不同的产品策略与营销策略（表3-3）。

表3-3 消费者决策理论[1]

类型	解释
完美主义者	追求高级的品质与服务
品牌主义者	讲究品牌
潮流时尚者	追随潮流
享受购物者	喜欢且非常享受购物的过程
价格敏感者	价格第一
冲动消费者	没有理性的、计划的购买
缺乏主见者	没有自己的想法，需要别人给予指导与建议
习惯性消费者	固定购买某个品牌

（一）完美主义者（Perfectionist）

定义：追求高级的品质与服务。

适合品牌：中高端与奢侈品，讲究工匠精神的小众品牌、工匠性品牌。

营销策略：多呈现制作技术与人文服务。

（二）品牌主义者（Brand Conscious）

定义：购买时讲究品牌，只认牌子。

适合品牌：致力于做"品牌"（而非"卖货"）及有品牌价值的品牌。

营销策略：在产品品质达标的前提下，多呈现品牌故事，为品牌增加溢价能力。

（三）潮流时尚者（Novelty）

定义：什么流行穿什么。

适合品牌：潮流的紧密跟随者。

营销策略：多用流行明星、网红或者流行性元素来为自己背书。

---

[1] 理论来源于：Sproles B G,Kendall L E. A Methodology for Profiling Consumers' DecisionMaking Styles [J]. The Journal of Consumer Affairs, 1986, 20(2): 267-279.

（四）享受型购物者（Recreational）

定义：享受消费。

适合品牌：以线下零售终端店为主。

营销策略：从五官（视觉、听觉、触觉、味觉、嗅觉）去打造一家店铺的综合感受。当下流行的博物馆式零售（比如K11购物商场）无论是硬件还是软件服务都能让消费者愿意流连忘返。

（五）价格敏感者（Price conscious）

定义：什么便宜买什么。

适合品牌：可以下沉到三四级城市的品牌。

营销策略：促销、拼价、裂变。

（六）冲动消费者（Impulse）

定义：没有理性的、计划的购买。

适合品牌：直播产品。

营销策略：根据消费者的需求（限时促销、明星版限量、最新潮流等）通过促销策略，或者导购的建议，鼓励消费者立刻购买。

（七）缺乏主见者（Confused）

定义：面临太多的选择，缺乏自己的主见，需要别人给予指导与建议。

适合品牌：每个品牌可能都会碰到缺乏主见者。

营销策略：加强说服力。在广告层面，需要树立自己的专业度（才有足够的说服力）。对于VIP客户，可以提供专业穿搭顾问式服务。对于普通客人，提供专业导购的穿搭服务。尽量用自己的专业来引导顾客对自己的信任。对于随同的客人，能给予同样的引导。

（八）习惯型消费者（Habitual）

定义：固定购买某个品牌。

营销策略：加大品牌的形象建设与溢价能力。

五、购物影响者与行为

影响购物者的人，基本就是我们今天常说的"KOL"、明星以及我们的家人与朋友。消费行为则具体指消费者通常在哪里购物，购物频次，选择价格等。这些数据目前大部分公司都可以通过后台数据获得。

第五节　中国消费者对"（时尚）美"的定义[1]

中国消费者是如何定义"美（好看）的衣服"呢？通过调研，他们对"美"的定义可被总结为以下四个维度"技术""社会""视觉"与"符号"（图3-5）。

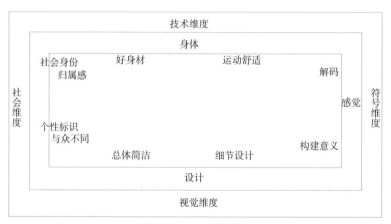

图3-5　中国消费者对时尚"美"的定义（作者根据调研结果梳理）

一、技术维度：身材

这里"身材"的含义是——服装能让身材更好看！这是男性及女性在解释自己对"美"的定义时，提出来最多的一个要素。对于与用户有更多直接接触的电

---

❶ 本次调研与第二章的品牌调研部分为同一个调研。

商及批发商来说，"显身材"是一个几乎人人皆知的关键词。这也是为什么，如果你进到任何一家服装主播间，会经常听主播们说"（这件衣服）很显身材"。

那么什么才是"能让自己的身材更好看"的服装呢？无论男女，他们用得最多的词是"扬长避短"，其次是"修身"。再进一步来说，到底什么是"扬长避短"呢？对女性而言，就是能帮助遮掉"肚子""粗腰""粗腿""粗胳膊"，以及对女性来说要"显腿长""显细腰"。而对男性而言，最重要的是"遮肚子""显胸肌"。

在性别方面，所有年龄的女性几乎无一例外地都将"身材美"视为第一位。可见，女性在这方面几乎是高度一致。而男性则在排列顺序方面不同年龄段不一样。在年龄方面，"70后"男性与"95后"男性对"身材"的要求没有像其他年龄段那么多。一个可能的推理是人到中年，一般穿着都会有自己比较固定的喜好或者认知，这些认知让他们相信这是最适合自己的；而"95后"男性对身材的关注没有那么高是因为他们的身材暂时还没发福，对这个年龄段来说，最重要的反而是"符合（周围环境的）社会规范"（旁人怎么看）。本节后半部分的"社会规范"中将再次提及这点。

本研究将体现身材归为"技术维度"是因为服装要起到修饰身材方面，更多主要靠制板师傅的制板技术。因此，一家好的服装公司是会非常重视制板师傅的待遇的。

二、视觉维度：设计简洁大气

消费者认为"好"的设计就是"简洁大气+独特的细节设计"。

（一）简洁大气

消费者对类似的描述还有其他的词汇，比如："简单""大方""简洁""简约"与"大气"。在让消费者选择5张他们认为最能代表他们心中"美"的带有鞋服配饰类产品图片，并解释为什么他们认为这些产品美时，他们都提到了因为这些产品很"简洁（简单、大方、简约、大气）等"，这是他们选择的第一原因。男性尤其如此，40%~50%的男性提到了这一点，女性则相对占比没那么高，平均在16%~28%，但也代表了第一原因。

那么，什么是消费者心目中的"简洁大气"呢？就是"整体外观看上去简单""色彩单一（不要太花）"。这其中，"色彩"又属于产品外观设计类❶。在色彩方面，大众消费者最中意的还是"中性色"，也就是我们平时说的黑白灰、棕色、咖啡色这些色彩饱和度不那么高而且是日常中常见的色彩。对于销售人员来说，这点并不让人意外。不过在接下来的"符号意义"部分，当消费者解释为什么他们更喜欢这些色彩时则会更有趣。这里暂时只是先提出现象与结果，原因将在下一部分呈现。其次，大部分消费者认为简单的色彩通常指一件衣服不要有太多颜色，最好是单色的。

（二）"独特"的细节设计

就总体而言，消费者关注的细节部位主要包括：领部、门襟、口袋、袖口、下摆、面料、腰部。

设计点包括：色彩（撞色、单一色彩等）、面料肌理。

三、社会维度：社会规范性

在对"美"的定义方面，男女消费者都提到了着装必须既能让周围的人（大众）接受，同时还"适合"自己。这个结论在大家回答"美是否重要？以及为什么"时，再次得到了印证。

在回答"美是否重要"时，除了"70后"男性这个占比是80%，其他年龄90%以上都认为"美"很重要。而在回答"美"为何重要时，男女性的回答总体一致，但在重要优先顺序有所差异。男性排名前三的原因分别是：为了社交、令自己自信以及让自己好心情；而女性的前三原因分别是：令自己自信、为了社交，以及可以让自己好心情。

"社交"在此处的含义，用调研者的原话来说，即"美"是为了"让人觉得自己靠谱、值得信任、（因为穿得'美'）会给自己带来更多合作机会、便于开展工作、能引人注意、被尊重、不被他人异样看待、（关乎自己）留给他人的第一印象、

---

❶ 对于设计师来说，"面料""板型"可能也是设计的一部分。但这里我们从消费者视角出发，消费者认为面料属于品质问题。板型属于裁剪技术问题，所以本书分类讲解。

（用着装告诉别人）自己是个认真的人、（自己与旁人）是同类人、（自己）是合群的人、（自己是）得体的人、（便于）让别人更了解自己。"

可见，相当一部分消费者，将着装视为"社交身份认同"的一部分。

"美"能让自己更加充满自信以及心情愉快，也是男女性的共性。如果我们将这两个因素都归结为"自我感觉"，相对来说，男性更将"美"视为"社交意义"大于"自我感觉"；女性则视"美"所带来的"自我感觉"大于"社交意义"。本次调研还发现，大部分消费者都不希望自己在人群中的穿着过于突兀或者与周围人的穿着差异太大。大众群体更需要社交安全感。他们所追求的个性仅局限在前述安全范围，即上述谈到的"细节设计"。

如果用一条公式来表达中国大众消费者认可的"美"是："总体设计简洁+细节设计"的衣服。"总体设计"需要符合周围社会环境的认可，但同时，他们用"细节设计"来凸显自己的个性。消费者具体如何来实现上述公式将在案例中的"符号意义"部分解释，即消费者究竟是如何解释这些细节设计所赋予他们的个性的（图3-6）。

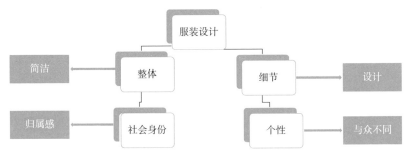

图3-6　大众消费者对"好看的"设计的定义是在设计符合社会规范的前提下

那么消费者是如何判断一件衣服是否足够美呢？超过80%的消费者都是以"适合自己"为"美"的判断标准。这个"适合自己"，主要指适合自己的"身材""身高""肤色""身份""职业"与"年龄"。

这里特别值得一提的是消费群体对时尚穿搭的理解。参与调研的消费者几乎都有他们自认为正确的穿搭知识。比如，什么样的色彩适合自己的肤色；什么样的款式、板型适合自己的体型、身高；什么色彩应该配什么色彩；什么衣服可以让自己减龄；什么衣服可以让自己显瘦等。虽然，如前所述，这些知识在专家眼里不一定是正确的穿搭理念。比如几位女性消费者都提到自己喜欢穿超短A字裙，因为这类裙子既可以显自己腿长，但同时又能遮住自己最粗的大腿，但是事实上真的如此吗？

而在判断某件衣服或某双鞋子是否适合自己时，消费者主要看的产品维度优先顺序则包括：色彩、风格、款式、品牌、细节、面料、板型、可搭配性、印花及百搭性。

女性的产品维度要素与男性差异不大，但两者先后顺序有些差异。对于女性而言，排名首位的依然是"色彩"，其次是"款式"，最后是"风格"。后续的则依次是"面料""板型""品牌""细节""搭配""百搭"及"廓型"。而男性则更在乎产品的品牌。这个也可能与男性更喜欢买运动鞋，因为运动鞋涉及功能，而品牌是质量的保证。

45%的女性与35%的男性都视"色彩"为他们关注鞋服产品的第一产品维度。那么什么色彩最受欢迎呢？首先是诸如白色、黑色、深蓝色、黑白蓝搭配、驼色、灰色等无彩色或中性色；其次是诸如红色、橘色之类的高饱和度色彩；最后是浅色系。我们会在后面再次来解释，色彩在消费者心目中的意义，以及为什么卖得最好的可能是专家看起来比较普通的中性色。

色彩搭配非常重要。这或许可以给商家们一定的启发，即加强消费者对色彩知识的认知。

四、符号维度：符号意义

关于何为美的最后一个维度，便是一件衣服能够带给穿着者某种"感觉"。比如，让人感觉"有气质""有气场""仙气""有精神""女人味""淑女"等，我将这种感觉归类为"符号意义"。消费者提出的相关词汇列举如下。

（1）男性所关注的"感觉"主要依次为以下几类：

①简单、大方、简洁、简约、大气；

②年轻、活力、活泼、精神、青春；

③潮流、时尚；

④舒服；

⑤休闲、悠闲；

⑥适合；

⑦成熟、稳重。

在年龄方面，仅有的明显差异是"95后"更追求"（让人看着）舒服"的感觉。而其他年龄的男性则最在乎"年轻、活力、活泼、精神、青春"。这个从常识上也很容易理解。毕竟对于20岁出头的人本身就是年轻、充满活力的，所以他们不需要再刻意追求年轻与活力。

女性与男性一致的是都将"（显）年轻、活力、活泼、精神、青春"视为最重要的"感觉"。而且与男性不一样的是，所有年龄段的女性都将此感觉视为最重要的感觉。说明无论什么年龄的女性，都非常在意让自己看上去年轻的感觉。

（2）女性所在意的其他感觉则依次为：

①舒服；

②高贵、优雅、华丽、高级；

③潮流、时尚；

④风格；

⑤清纯、清爽、清新；

⑥温柔、柔和、温暖；

⑦女人味、淑女、女性气质；

⑧有气质；

⑨有设计感；

⑩休闲、悠闲；

⑪可爱、甜美、乖巧；

⑫百搭；

⑬好看、美丽、漂亮。

很明显，女性对感觉的诉求相对男性更加丰富。其他女性还追求的感觉包括：酷、有气场、性感、质感、干练、仙气、飘逸、独特、和谐、协调、经典、职场感、运动感、精致、帅气、低调、干净、个性、知性、浪漫、随性、复古、慵懒、自信、端庄等。在年龄方面，"90后"与"95后"女性相对于"70后"与"80后"，她们会更在乎给人留下"清纯、清爽、清新"的感觉（排名前5位）。而"95后"又多出一个感觉诉求是"可爱、甜美、乖巧"（排名第4位）。

商家可以用这些词汇作为自己产品定位、图片拍摄、营销上所需要的标签关键词，并按这些标签词去实现相应的定位，这些词汇也可以被用在直播、图文带货上的话术关键词。接下来的部分将解释消费者究竟是如何通过读图来读出上述感觉的呢？比如，为什么某张图片就让消费者感到了"性感"，或者"女人味"，或者"复古感"等。因为这将帮助商家理解应该如何运用产品及图片来构建消费者所想要的感觉。

第六节　为"服装图片"构建"符号"感

消费者是如何"读图"并最终总结出上述一系列的符号感的？

就总体而言，大多数消费者会先快速"读"一幅图并获得总体印象，比如"好看"，或者"美"。他们的注意力随后会移到具体的产品（比如服装、鞋子或者包包），接下来被注意的是模特儿（如果有）。最后，他们会注意到的是"环境"。

在"阅读"产品图片时，消费者会给产品要素"编码"，比如"色彩""领子""口袋"等。图3-7与图3-8代表了女性用户在"阅读"产品图时，一般会关注到的产品要素。1、2、3、4则代表了关注人数的排序。比如，1代表了最多数女

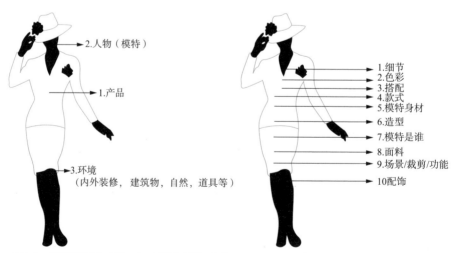

图3-7　消费者读图方式第一步：快速获得第一印象　　图3-8　消费者读图方式第二步：细节

性关注的是产品细节、其次是色彩、搭配、款式、模特儿身材、风格、模特儿是谁（人物）、面料、场合/功能/板型、配饰、Logo/图案/季节/模特儿的肤色与年龄等（"/"代表一样重要）。

而男性消费者关注图片的主要要素依次为：色彩、细节、搭配、款式、功能、Logo、风格、配饰、模特身材、模特所处的场景、模特是谁（比如明星）及面料。相对而言，男性最先关注的多为"色彩"，女性用户关注的则最多为"细节"。

第三步，则是消费者"翻译"这些"编码"的意思（图3-9）。即使再普通的衣服，一个消费者也能说出它们的特别含义，而这个也可以一定程度上解释为什么很多设计师觉得太普通的衣服，却会成为畅销款。比如，消费者"翻译"以下要素如下：

黑色：代表低调、酷、容易搭配、简洁、神秘、稳重、成熟、帅气、魅力。所以，即使是一件最基本的黑色T恤，对一些消费者而言，也可能是"好看"的。

西服：代表尊贵与优雅。

白色：代表简洁与优雅。

牛仔：代表大众、粗狂、休闲但能干、青春、美式风格。

风衣：代表商务、知性。

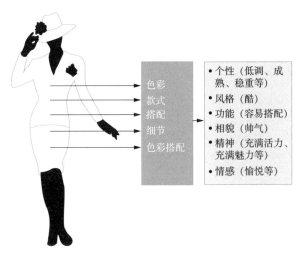

图3-9　消费者读图方式："翻译"系统

蝴蝶结：代表甜蜜、公主、少女、可爱、精致。

刺绣：代表贵族、神秘、异域。

花边：代表青春、女性、优雅、温柔。

当然这些解释是否具备普世性是需要另外再被验证的。但至少，借着这些调研，本书期待能够启发设计师、摄影师、营销推广人员，商家可以用产品的哪些具体要素及搭配方式去营造消费者所想要的那种符号感？

图3-9则说明了消费者是根据服装的什么元素来将它们翻译成什么类别的"符号感"。对"符号感"进行分类，有助于设计师、摄影师、营销推广者了解如何从这些分类来推导消费者需要的"感觉"，并反推具体用什么细节来营造这些感觉。

经过文本分析，本调研发现在解读产品的意义时，消费者主要关注的是"色彩""款式（比如西服、牛仔裤、皮衣、风衣等）""服饰搭配""细节（比如口袋、领子、门襟、纽扣等）"及"色彩搭配"。而符号感，又可以被分类为：

（1）个性类符号（"低调""成功""稳重"等）。

"上衣反光性与衣袖的服帖性看上去有质感。我觉得这种蓝色跟黑色属于冷色系，搭配起来给人一种成熟稳重低调的高级感。"在这里，分析该文本，我们可以对应出"黑色＋蓝色＝成熟、稳重、低调"的"翻译"公式。

（2）风格类符号（"酷"等）。

"（图片）来自她（博主）街拍公众号。美在一身简洁干练黑色炫酷风，（又）搭配（了）宝蓝色围巾，（感觉可以引起）超高的回头率。"在这里，分析该文本，我们可以对应出"黑色＝炫酷风"的"翻译"公式。

（3）功能类符号（"容易搭配"等）。

"图片来自淘宝。（一双）男士商务皮鞋，里面加绒，保暖而不显得臃肿，容易搭配衣服。"在这里，分析该文本，我们可以对应出"商务皮鞋＝容易搭配"的"翻译"公式。

（4）相貌类符号（"帅气"等）。

"图片灰色（衣服）给人深沉的感觉。深沉的颜色穿起来还算适合我，（显得）比较成熟，成熟的男人有时挺帅气的。"在这里，分析该文本，我们可以对应出"灰色＝成熟＝帅气"的"翻译"公式。

（5）精神类符号（"充满活力""精神"等）。

"图片套装颜色（我）很喜欢。（这个）短款套装（显得人）知性之余还能给人一种青春活力。"在这里，分析该文本，我们可以对应出"短装=青春活力"以及"套装=知性"的"翻译"公式。

小结

1. 时尚与其他日用消费品的主要区别：

- 衣着类产品是人们日用消费品中消费占比最低优先级的产品；

- 时尚是美学产品；

- 时尚是符号产品；

- 相对于其他的日用消费品来说，时尚产品属于"非标准"产品；

- 时尚产品线非常宽泛；

- 时尚产品深受流行趋势的影响；

- 时尚是文化产品；

- 服装深受气候影响。

2. 从传统商业到社交商业，消费者行为产生了哪些变化？

- 消费路径从"4A"到"5A"；

- 今日的消费价值观正在走向多元化；

- 今日的消费者不仅仅是"消费者"，还是商家的"合作者"；

- 管理消费者方式从"交易管理"到"关系营销"。

3. 中国时尚用户画像：

背景	认知	喜好	决策	影响者	行为
• 人口结构 • 生活方式	• 品牌 • 美学	• 风格 • 产品 • 图片	• 时尚消费决策类型	• 影响自己购买决策的人	• 购物渠道 • 购物动机 • 购买价格 • 购买频次

4. 中国消费者对"（时尚）美"的定义：

- 技术维度：身材；

- 视觉维度：设计简洁大气；

- 社会维度：社会规范性；

- 符号维度：符号意义。

练 习

1. 请参照本章节中的"用户画像"部分，总结出你们品牌的用户画像具体信息。这样的梳理过程，有没有让你对顾客有了新的认识？

2. 请参照品牌用户数据，看看它们是否与本章节的用户对"美"的定义一致？

02

产品篇

第四章　时尚产品开发与设计：从实物采样到虚拟3D

第一节　定义、概念与理论

一、设计

什么是"设计"？现实社会中，包括设计师在内的许多人将"设计师"等同于"艺术家"。两者真是一回事吗？

"设计师"与"艺术家"是两个不同的职业，虽然他们都需要创意、美学，但设计师并不等同于艺术家。专业的设计是"在有限的条件下解决问题"！"有限的条件"即指"有限的资金、有限的时间、有限的人力"等。未真正成为担当商业项目的设计师前，大多数设计师都认为创意就是天马行空，等进入职场才发现，企业的预算不足或给予设计师的时间大多很紧迫，这些都是设计师面临的真实现状。

当然，即使是"有限的条件"，一定也必须是"合理"的条件。设计师需要合理的时间来思考与创意，合理的预算来开发产品，否则就是"巧妇难为无米之炊"。

将这个概念应用到"服装设计"，作为商业行为的服装设计，即要设计出一件让顾客愿意花钱购买的衣服。这个概念可能与许多设计师新人的想法不太一样。现实中很多设计师只是为了成就自己的艺术家或者设计师品牌梦想，希望自己的服装表达了某种理念，并最终希望消费者通过购买自己的衣服来接受自己的理念。虽然确实也有这样的顾客群体存在，但他们在市场上代表极小部分人群。绝大部分人人买衣服只是为了让自己既舒服又好看，并且如上一章所述，这个"好看"也未必是设计师认为的"好看"。

要让顾客购买，就必须考量成本与价格，也就是我们前述的"有限条件"。并且衣服必须要让人穿得舒适。很多设计师为了赋予衣服自己的审美理念，做出来的衣服非常复杂，穿起来也很困难，甚至于不舒适，这些都不是顾客会购买的衣服。

（一）服装设计师的分类

从创意角度而言，设计师可分为以下三大类（图4-1）。

图4-1　按创意度来区分设计师

1. 概念设计师

站在金字塔尖的是大多数设计师都梦想成为的概念型设计师。例如，亚历山大·麦奎恩（Alexander McQueen）、卡拉扬·侯赛因（Chalayan Hussein）、约翰·加利亚诺（John Galliano）、川久保玲都可被称为"概念设计师"。他们的设计大多突破了人类创意边界，具有设计史上里程碑式的创新性，创造了某种新式的风格。这些设计师商业上未必能为品牌盈利，但是他们在设计史上已经留下了浓重的一笔，并最终会在博物馆或者收藏家那里留下自己的代表作。他们大多服务于奢侈品集团或者拥有自己的公司，并被称为"明星"设计师。

2. 创意型设计师

居于上述两者中间的则是"创意型"设计师，也是我们一般业内称为"设计师品牌"的设计。这类设计师有个人设计语言特色并将这类特色赋予了产品。

从能力范围而言，设计师又可分为以下三大类设计师：全能的、只会画图的以及会画图与打板的（图4-2）。

图4-2 按能力范围来区分设计师

设计总的来说，可以分为三大过程：

（1）计划并最终用图稿形式做出方案。

（2）打样，这个过程通常需要用到相关工程技术。比如，对于服装来说，需要懂人体工程与纸样（打板）技术。

（3）制作，最终将设计落地为实物，也就是做出衣服。

现实中，绝大多数的设计师只能画图（概念），不太擅长自己打样与制作。如果三者都能做到，基本可以算是"全能"设计师了。一个只懂图稿设计的设计师，在现实中遭遇的问题相对比较多。最主要的是设计师自己也不知道自己的概念落地时的可行性有多高。即使不会最后的制作，能够自己打板的设计师也会更受欢迎。

3. 商业设计师

商业设计师构成了现实中设计师的大多数，分为不同类型：

（1）品牌设计师："品牌"多指以开实体店为主的时装品牌，不包括奢侈品品牌。他们服务于某个时装品牌，按品牌运营方式开发产品。这类品牌没有像奢侈品如此强调产品的原创性，但对设计、品质有自己特定的标准，也因此要求设计师能平衡掌握好商业与创意的关系。

（2）电商设计师：理论上来说，电商（包括直播电商）也经常称自己为"品牌"，但当下市场上大多数的电商公司销售的仅仅是贴着商标的产品。在品牌价值方面，总体比实体店要弱许多。在产品开发方面，多以"短、平、快"为主。

（3）网红设计师：最近几年，随着社交商业的发展，网红转型做自己的品牌也成为流行。这些网红本身并不一定是设计师专业出身，但凭借着长期在市场的浸淫，以及敏锐的时尚感，快速反应的供应链，最重要的是一批忠诚的粉丝，在当今市场上也占有一席之地。

（4）批发市场设计师："批发市场"可能会让人觉得比较"低层次"，这类市场怎么会需要设计师呢？其实今日中国的服装批发市场已经做过数次升级。有的品牌或者设计师，最早就是从批发市场赚到第一桶金，然后开始做品牌的。今天，批发市场也在不断提升自己的原创能力，希望在竞争日益激烈的市场里分得一杯羹。

一个比较有趣同时又很残酷的现实是，那些看上去从事着更"low（低层次）"设计岗位的设计师或品牌，往往比那些"高大上"甚至是媒体上经常看到的设计师或品牌更赚钱。这个不仅仅只是中国独有的现象，而是欧美国家也会存在的现象。这也是为什么，很多原本对未来颇有憧憬的设计师，在踏入市场后，会感觉落差很大的原因。

好消息是，随着市场竞争越来越激烈，以及消费者的日益成熟，设计师的创意将越来越被珍惜。即使是原本以仿款为主的电商、网红、批发市场也都在不断提升自己的创新能力。因此设计师依然是一个有前景的职业。

商业设计师一般对产品外观设计不会太复杂，更多的是细节设计，包括了面辅料的选择、线条比例设计、工艺板型设计等。

（二）设计师经常面临的困境

设计师主要面临的第一个困境是个人对理想的追求与现实的"逼迫感"之间的矛盾。这里的"逼迫感"来自两个方面：一方面来自设计师本人的自我感觉，这种自我感觉有相当一部分是对设计的误解（比如前述的将设计视为纯艺术）；另一方面则来自现实的商业环境。

所有的商业都需要盈利，且在当今的环境下，企业更需要尽快盈利，这一定程度上造成了对设计师的逼迫感。差不多从2015—2016年开始，这个现象则更加明显；而这些年零售疲软则加剧了这种逼迫感，即使是高端品牌也会因为不满意业绩而频繁更换首席设计师。作为一个原本应该是创意型的工作，设计师在当下快速发展与迭代的商业环境中，被要求快速创新、快速开发产品，对设计师而言是一种巨大的挑战。

第二个困境就是设计师个人对审美的理解与顾客对美感理解之间的差异。如第三章所呈现的，设计师认为的美，不一定是消费者认为的美；而消费者认为的美，可能在设计师看来就是"土"的。很多设计师将这种现象视为"消费者需要美学教育"，其实这并非都是消费者审美品位不够的原因。

最后一个困境，也是设计师经常提问的问题，即"设计师究竟应该迎合还是引领消费者？"如果"迎合"，那还要"设计师"做什么？但"引领"消费者也不是想引领就引领的——"引领"他人是一种能力，而这种能力大多也要靠系统性影响力，而不仅仅是某个个人的影响力。并且，想要引领消费者有一个重要前提，那便是真的"懂"消费者。这个"懂"，并不一定是"迎合"消费者需求。比如，智能手机被发明以前，消费者并不会告诉你他们需要智能手机。但是真正的创新者能够从消费者日常习性中提前发现问题，并为他们解决问题。本质上，能为顾客解决问题的产品，才是真正的好设计。

从设计师职业发展角度而言，设计师应该尽快通过实践找到自己的擅长，并明确自己的定位。

二、"产品开发""研发""设计"的关联与区别

不同服饰、鞋类企业对产品相关的部门叫法及部门定义不完全一样。"设计部"在不同的公司，可能被称为"产品部"或者"产品开发部"。在有些企业，"设计""产品""开发"是同样的含义。但是在有些企业，这三个词，可能又是不一样的含义。

比如，有的国际一线品牌（跨国公司）是这样分别定义"设计""产品"或者"产品开发"的，设计师主要做创意与概念，他们大多出概念草图为主；产品或者产品开发人员主要实现创意与概念，他们大多以技术支持为主，比如将概念设计图转为产品技术图纸，再指导技术人员制作样品。

另外，"产品研发"与"产品开发"的含义也不一样。"研发"带有"研究"意义，通常指技术创新，而"开发"只是对技术的应用而已。技术创新是需要大量资金的投入的。以体育品牌来说，给专业运动员开发产品涉及很多高科技，比如材料科学、人体工程学、运动医学等。为了给世界顶级运动员打造能帮助运动员提高运动表现，同时又能保护运动员安全的球鞋或者运动服，这些通常都需要一支专业的博士、科学家等技术型研究团队一起开发产品。大多数企业有"产品开发"能力，但并不具备"研发"能力。

三、时尚流行理论

某种流行元素是何以成为"流行"的？社会学家与时尚学家总结了以下三条理论：

（一）"自上而下（Trickle-down）" 理论 ❶

这个理论来自19世纪当时贵族还处于主流阶层的阶段。该理论认为：贵族率先穿起了某种时尚，随后，这种时尚通过贵族的画像、商场商品的陈列被大众所知道并模仿。当更多的人模仿了这些穿着，贵族们又开始引领新的时尚风潮。当然，这个阶段时尚流行的变化是极其缓慢的，毕竟那个时候无论是面料还是衣服制作都很稀有。

到今天，自上而下的流行现象依然存在。品牌公司使用明星代言、网红传播，一定意义上都可以被视为"自上而下"推动时尚流行的方式，以及大众品牌模仿奢侈品的设计，也可以被视为这种现象的存在。

（二）"自下而上（Trickle-up）" 理论

该理论与"自上而下"理论相反，认为流行也可以"自下而上"。一个最典型的"自下而上"流行的现象就是源自黑人文化的街头文化从亚文化升级到今天的主流流行文化——"潮牌（streetwear）"。今天我们看到的流行的球鞋、涂鸦、嘻哈元素，原本都来自黑人文化。黑人文化对时尚流行的影响，被视为"自下而上"的流行的一种表现。另外，诸如T恤、牛仔这些原本只是劳动阶层穿着的衣服，今天成为全球性的穿着，也是一种自下而上流行的体现。

（三）"交错影响" 理论

这个理论认为，时尚的流行方向不再那么明确，不再仅仅是自上而下，或者自下而上，影响因素可以来自各个方向，它们相互交错影响。

四、流行的生命周期理论

流行生命周期理论也是时尚经典理论之一。按该理论，时尚产品可以被分为

---

❶ 该理论最早来自德国学者Rudolf Von Jhering，他最早从文化角度提出了"文化扩散（Cultural Diffusion）"理论。随后，法国社会学家Émile Durkheim将该理论应用到时尚。Grant McCracken（1990年）则将该理论应用到了今天的时尚现象。在他看来，一些大众品牌将更高端品牌（比如奢侈品）的款式或选择其中的元素应用到自己的新品中也可以被视为"自上而下"流行的一种体现。

三类产品：

（1）基本款（经典款）：这些款经历住了时间的考验，可以被视为"长销款"。

（2）潮流款：这些款只是流行了非常短暂的时间，有的时候可能只是流行了一个季节。

（3）时尚款：其流行周期介于"基本款"与"潮流款"之间。一般可能流行2~5年甚至十几年。

流行生命周期对于商家的作用主要如下：帮助商家决策针对该流行元素应该开发多少款与量的相关新品。比如阔肩西服处于高峰流行期时，那么其相关产品数量应当相应增加；当它开始衰落时，则应该减少相关产品数量。

五、品类、SKU、产品线宽度与深度

品类（Category），在服装领域，通常指商品分类，比如连身裙、衬衫、T恤、羽绒服、毛衣等。随着数字化普及，企业对商品品类分类越做越细。原因是品类标签越细分，越有利于对数据进行更加细致的分析。图4-3即是一个细分品类的案例。

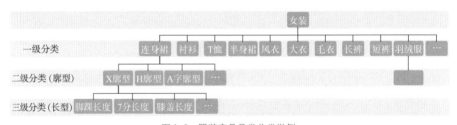

图4-3　服装商品品类分类举例

SKU是"stock keeping unit"，是仓库存货最小计量单位。SKU在不同商品、企业的定义并不一样。比如服装公司大部分是以色彩作为最小计量单位。如果两件衣服，除了色彩其他要素都一样，它们通常被统计为"1个款式""2个SKU"。但也有少数服装，以及大多数鞋类公司，会以尺寸作为最小计量单位。如果同一款产品，同样的色彩，有5个尺寸，则这款产品被认为有"5个SKU"。也有做精细化管理的企业，会再带上生产信息。如果同样的产品，由不同供应商或者由同样供应商但不同生产批次提供的，则也会被认为是不同的SKU。不过这类情况在

鞋服企业并不多。

产品线宽度，指一家公司每一年（季度）总共开发多少款和SKU新产品？目前就市场总体而言，快时尚与部分大型电商产品线宽度最宽，每年大多可以开发1万~3万款新款数量。目前已知的每年开发新品数量最多的时装公司是新晋跨境电商希音（SheIn）。该公司每天平均可以出2000个新款❶，也就是一年累计约近70万新款。一般中等规模与服装公司每年开发新款则在2000~5000款。最小规模的是设计师品牌，他们一般一个季节开发能力在数十款。

产品线深度则指每款产品订货数量。在传统时代，企业买手订货几乎只有一次机会。如果订货多了，就会出现库存；如果订货少了，则会出现丢失销售机会的问题。现在随着数字化与供应链提供的便利，更多的企业选择了分批次下订单方式。但就总体而言，款多量少已是现状。早期的服装业，一家公司的一款新产品订单可高达数万甚至十几万件。逐步这个数量缩减到数千件。而今天，一般企业一款新品的一次订单在100~500件。当下，除了一些国际一线品牌的订单还有可能高达上万甚至十几万件，大部分企业下订单数量都极其保守。

进入一家新企业，应该首先了解清楚这些专有名词的定义。

第二节 设计服装类产品与其他产品的不同

相对于其他日用产品设计（比如家纺、家具、家用电器等），服装设计究竟有哪些特殊性呢？

首先，服饰产品作为人体穿着的产品，要求设计师具有一定的人体工程学知识——衣服穿在身上必须令人感觉舒适。这也是为什么设计师拥有一定的打板能力对做服装设计益处多多，而这也是很多新人设计师经常忽略的问题。

其次，如前一章所说，时尚最终销售的是"符号"意义。因此，在具体设计中，需要设计师对消费者文化有具体的了解。虽然理论上这个道理也适用于其他产品设计，但在服饰设计上尤为重要——因为服饰是人的第二层皮肤，其对

---

❶ Faithfull, Mark. Shein: Is China's Mysterious $15 Billion Fast Fashion Retailer Ready For Stores? Forbes, 2021[2022-8-5].

个人的社会属性意义比其他一般产品更为明显。比如，江南布衣在2022年的"童装"事件，将"欢迎来到地狱"印到童装并最终被家长发现而成为危机事件❶。还有其他一些国际品牌因为缺乏对中国文化的深刻理解，甚至曲解了中国文化而遭到中国消费者的强烈反响等都说明了设计师需要对消费者文化有一定的认识。

 侯赛因·卡拉扬：如何看待当下环境对设计的影响？❷

第三节　组织架构、职责与常见问题

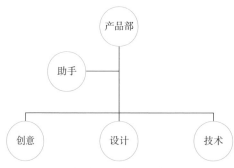

图4-4　产品部（设计部）一般组织架构

严格意义来说，"产品部"与"商品部"是两个不同的部门。"产品"通常指开发阶段的产品；而"商品"通常指进入流通（交易）阶段的产品。从宏观层面，从业者有必要了解产品部所存在的价值以及产品部所做的工作的内容（图4-4）。

"产品部"，也有的被称为"设计部"，在国内外不同规模及不同定位企业部门组织架构非常不一样，但通常来说，其包括三大功能：创意、设计与技术。

一、创意

一般指"创意总监"。通常只有诸如奢侈品及知名的设计师品牌才会设置"创

---

❶ 周芳颖.江南布衣童装再现"画风诡异"图，但更让人失望的是它的态度，界面新闻，2022[2022-8-9].

❷ 本文为笔者应《出色WSJ》杂志邀请，于2019年9月采访侯赛因·卡拉扬（Hussein Chalayan）而成。公众号出处《出色WSJ》。虽然这个采访作于数年前，但作为先锋设计师的卡拉扬先生所给予的设计评价，今日来看依然很有意义。

意总监"，这是由品牌的定位决定的。奢侈品与设计师品牌作为引领流行的角色，在创意的要求上比一般品牌要求更高，不过国内服装企业设置创意总监的不多。

二、设计

设计部通常由设计总监或者经理带领助理完成具体的产品开发工作。在一些国际品牌，创意总监与设计总监可能是一个人，也可能是两个人。究竟是一个人还是两个人更取决于总监自身的能力。如果是两个人，通常创意总监就负责创造设计概念（通常比较先锋），设计部则负责将概念转化成一系列的款式。设计部的结构通常是三层的。设计总监（经理）——设计师——设计助理。设计总监负责全盘货品的总体规划、把控与管理。设计师具体按照设计企划执行系列与款式的图稿，设计助理则通常协助设计师完成杂务，包括但不仅限于协助寻找设计师所需要的面辅料，协助设计师做沟通性工作等辅助性的工作。在国外一些设计师品牌公司，设计助理也需要将设计师的效果图转化成技术部门可以使用的技术平面图。效果图通常更像是插画，给人的视觉感很好但缺乏诸如尺寸、工艺方面的细节；技术图纸看上去比较枯燥，但包含了具体的尺寸、工艺等要求细节，是技术部能够理解的图纸。

在国内大部分公司要求设计师直接出技术图纸，或者有的会要求同时出效果图与平面图。对于设计师来说，本性上他们更愿意画效果图。这也成为某些时候设计部与技术部产生矛盾的焦点：技术部同事认为设计师画的款很好看，但没有考虑具体技术要求以至于衣服其实并无法实现；而设计师则认为是技术部同事太固执或者不会欣赏设计师的产品。

三、技术

对于大多数企业来说，技术部是一个其实非常重要但在公司却不一定被重视的部门。技术部负责将设计师的产品从图稿变成实物衣服，这其中涉及制板、裁剪、缝制等具体工艺环节。大多数消费者都不会穿款式复杂但看似很有设计感的产品，他们对衣服的体验更多体现在细节，而这些细节大多需要技术部同事完成。

就总体而言，服装从产品开发到制作是一个系统工程且是一个团队协作的结果。这也是作为设计师与艺术家差异较大的方面之一。

第四节　产品开发流程

一、商品企划

因为各家公司对"商品企划"定义不同，这里本书先澄清该定义。国内业界对"商品企划"总体有两类定义：

狭义商品企划主要指对商品以下五大主要要素进行计划（图4-5）。

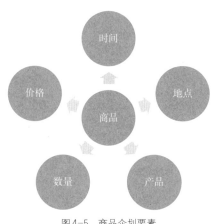

图4-5　商品企划要素

（一）时间

时间，也就是我们业内通常说的"上市波段表"，即什么时间该上多少款新产品。针对大型企业，这个上市波段表还会区分区域甚至门店。有的还会对上市新品做出更加具体的要求。

（二）价格

价格是商品的价格计划，不仅仅包括零售价定价，也包括采购成本的价格控制。另外，在计划阶段，因为具体产品还没有诞生，所以这里的价格通常都是以价格段来计划的。比如价格段在100~200元的产品预计做几款新品。

（三）产品

产品部分的企划，具体包括：

（1）品类结构占比（不同产品品类分别应该占新品总数占比）。

（2）面料企划（不同面料的产品数量占比结构）。

（3）色彩规划（不同色彩的产品数量占比）。

（4）重点款企划（重点产品从供应链到上市后的市场推广完整的计划表单）。

（5）其他相关企划内容。

（四）地点

中国土地广袤，无论是季节、气候还是消费者文化东西南北差异都很大。而如今又有线上线下不同的销售渠道，不同渠道的消费者习性不同，也导致了渠道也是商品企划重要的组成部分。

（五）数量

对于商品工作人员而言，最重要的工作便是"定量"分析。这个是商品人员与设计师工作属性最大的区别。商品人员需要通过大量的数据分析来确定新的一季究竟需要开发多少款新品？预备采购多少金额以及多少件？

而相对于上述"狭义的"商品企划，有些企业还会将设计企划以及供应链、市场营销计划也纳入"商品企划"，这样的"商品企划"通常被称为"大商品企划"，也就是广义的商品企划。

二、设计企划

如果说狭义的商品企划更偏向数字，设计企划则更偏向于视觉。通常包括：

（1）本季设计主题；

（2）故事板、情绪板；

（3）按不同时间波段上市的系列主题及款式安排；

（4）具体系列安排；

（5）印花、色彩、面料、辅料的设计细节企划等。

无论是广义的还是狭义的商品企划或者设计企划，它们都是一家企业商品（产品）的"顶层设计蓝图"。该蓝图包括了企业的经营目标、具体的商品计划、配套的供应链计划、营销计划等一个完整的商品（产品）从诞生到销售结束的闭环生命周期规划。有效的企划能帮助企业更有计划且更高效地开发并为不同渠道配备合适的商品。但在现实中，真正能做到有效的这样规划的企业相对较少，这对相关工作人员的要求更高。工作团队需要对整个产业供应链生态有完整的了解，需要有战略思维，而且需要对执行层面可能遭遇的各种意外足够了解，否则就会出现计划与执行脱节的问题。现实中，很多企业都存在商品企划的计划方案无法得到执行的问题，主要原因就是计划本身缺少充分的调研与可行性。

三、产品开发与打样

这部分工作由设计师协同技术部，通常包含了版师与样衣工一起完成。设计师按照设计企划完成绘图（设计稿）工作，技术部则按设计稿开发出实物样衣。

四、产品审核

产品审核通常由设计部、技术部、销售部、生产部（供应链部）同事共同参与。审核目的主要从以下几个角度来评估：

（一）技术与工艺

1. 板型的合适度

板型通常通过试衣模特儿来确认服装上身效果。现今企业为了节省成本，同时也是为了让设计师更好地体验自己设计的衣服，现在有些企业招聘设计师对形象与身材也有所要求，为设计师招聘增加了更高的门槛。

2. 工艺、面料品质是否达标

通常来说，正规的品牌公司都有自己一套完整的工艺品质管理标准。这些标准非常详细地规定了大到面料的使用与安全（特别是对婴童装），小到缝线的标准与要求等。本书第二章品牌中部分分享的从用户视角所关注的工艺与品质问题就是值得关注的。

（二）供应链可行性

很多新品牌或者中小公司在开发新品时非常容易忽略供应链的可行性问题。供应链可行性主要指目前公司的供应链能力是否可以良好地支持该新品的开发？供应链能力在这里主要指三大要素：

1. 时间

现在的市场是一个快速迭代的时代，一定意义上，我们可以称现在的时代是一个"快比好更重要的时代"。这种现象一方面催生了很多粗制滥造的商品，另一方面又裹挟着所有品牌不得不这样前行。它也许不是一个正确的现象，但却是一个大家都不得不跟随的现象。因此，一件制作过于耗时的复杂设计，也可能因为过于耗时而被否定上市。

2. 技术实现

某些情况下，也会出现样衣制作没有问题，但到大批量生产的时候发现工艺难以被实现。这是因为批量生产是流水线生产，而样衣制作通常是由一个熟练工完成。两者在流程与标准上都有一定的差异。这也是为什么在审核的过程中邀请生产部同事加入也是有意义的，这会让问题提前被发现。

3. 成本

相当多的设计师作品被否决是因为成本问题。这些产品可能足够"好看"，同时却也非常昂贵，以至于公司认为这种价格已经超越了品牌原本的定位范畴。也因此，在审核阶段，公司一般都会邀请成本核算部门估算产品的加工费及零售价，以评估其可行性。

（三）可销售性

可销售性是指从消费者视角来判断新品的销售前景。通常会通过销售部同事进行反馈。反馈内容主要包括：

1. 产品设计

设计是否会被广泛地消费者所接受？

2. 定价

这样的产品与这样的定价消费者是否会接受？

3. 营销推广计划

有没有什么配套的营销推广计划？

4. 护理的方便性

由于身处一个繁忙的时代，大部分消费者都不太喜欢护理过于麻烦的服装。

传统品牌的产品审核通常会至少2~3轮，有的甚至高达5轮。这也是一般传统品牌品质更好但同时开发周期更长的原因。

（四）订货、生产与物流

订货既由买手代表各店铺（经销商、地区）来具体下单采购。

随后订单由供应链部门或生产部门派发给各个相关供应商，启动生产流程。完成大货生产后，货品再被送到品牌方总仓，随后被发往各个店铺或者电商平台总仓。

第五节   设计企划与执行

设计企划配合商品企划数据要求来完成某个时间段（通常以春夏秋冬四季的每一季为阶段）。设计企划与设计是一个系统的、有逻辑的工作，而并非像设计师新人想得那样"无拘无束""天马行空"。

一、设计逻辑：品牌DNA+流行趋势+消费者需求

现实中，设计师在真正设计产品的时候，非常容易就陷入个人的情感中，但这本不是错误。与一切创作者一样，创作者在创作时投入个人情感能最终让观众（消费者）看到创作者的情感。但如果这种情感多以个人喜好为主且如果太多，对于大多数以盈利为目的的企业来说就不一定会产生企业所期待的效果。因此，设计师需要不断抽离自身的角色站在市场角度去审视自己产品的可销性。

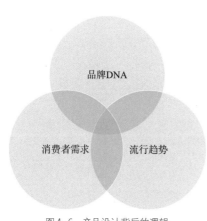

图4-6　产品设计背后的逻辑

也就是设计师应该在品牌DNA，流行趋势与消费者需求中找到它们的交集点。目前国内市场上服装产品设计有两个极端现象：一方面是大量同质化的产品，这是因为大家都在追当下的流行并求所谓的"爆款"，这部分产品完全不考虑品牌DNA问题，许多品牌只是有个商标名字并没有自己的DNA；另一方面就是曲高和寡的设计师品牌，设计师们过于追求个性表达而忽略了流行趋势与消费者需求（图4-6）。

二、产品家族图谱

服装产品也有家族图谱。简单理解"家族图谱"，就是这些产品之间都有关联，看上去就有"亲戚"关系（图4-7）。

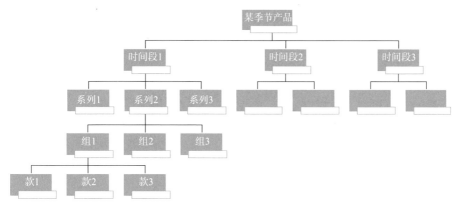

图4-7　产品家族图谱

（一）纵向而言

如前所述，一个季度的产品通常会被分为不同的上市时间波段。在同一时间段，一个品牌的产品又会被划分为不同的系列。不同公司对如何划分系列的定义并不一样。有的品牌以"故事主题"划分。每个季度企业都会策划不同的故事主题，这个主题大多会联系品牌DNA与当季流行趋势进行策划。也有的品牌以"穿着场景"划分系列，比如，职场系列、休闲运动系列、度假系列等。对于系列的定义并没有统一标准，但原则上企业自己应该有一个内部可统一区分系列的标准。

系列下面就是"组"。"一组"产品通常指可以以"一套"的方式进行连带销售的。比如，在冬季，通常一个人需要的一套衣服包括：外套（羽绒服、大衣、棉袄等）、毛衣（或者夹克、西服等）、内搭款（T恤或者衬衫）、裤子（或者半身裙）等。这即可被理解为"一组"产品。"组"之下则是具体每"款"产品的概念了。

（二）横向而言

同一时间段的系列与系列之间，不同时间段之间也需要有一定的关联度。这些关联度具体主要体现在一组（系列）产品共享某些元素，这些元素可以是产品风格、廓型、面料、色彩，也可以是一些具体工艺细节（如刺绣）等，以让产品看上去是一个"家族"的产品。

以阿玛尼（Armani）2018年春夏到秋冬季节的两组产品为例（图4-8）。

（a）春夏

（b）秋冬

图4-8　阿玛尼（Armani）2018（一）

阿玛尼服装定位于独立的职场女性。从T台发布会来看，阿玛尼体现了其一贯独立中带有优雅、得体的风格。图4-8中每个季节的图片都可以被视为一个"系列"，而在这个"系列"中，每一张图中产品都可被视为"一组"产品。

那么，这两个系列产品的"系列感（家族关系）"是如何体现的呢？

首先是观众一眼看得明白的红黑色搭配。但是即使同是红色，在不同产品中也做了细节处理，以体现统一中又有变化的设计原则。比如，图中1、2的红色都是全身红；3、4、5则是以红色为底带有淡粉印花图案的红；而这种淡红印花再次以透明纱的面料出现在图1的下装。并且印花图案大小也不完全一样，有的是全身印花（图中5），有的是半身（图中4），有的是局部（图中3）。这种错落有致的组合，让整个系列看上去既统一、和谐但各自又有各自的不同。可以说体现了其背后非常高级的企划逻辑。

红色被延续到了下一组的秋冬季。只不过印花被改变了，但是依然可以看得出与上季色彩与风格的延续。之所以季节之间需要有设计元素的延续，特别是色彩，除了因为同一品牌本身需要有延续的风格之外，也因为季节与季节之间会有交替。比如，换季时，春夏与秋冬产品可能会同时出现在同一个店铺空间里。如果色彩之间完全没有延续，那会让整个店铺看上去过于五彩缤纷，打乱色系。

图4-9同样体现了阿玛尼高超的设计企划功底。比如，这组以蓝色为主基调色彩的系列，春夏季组采用的蓝色比较适合春夏季，而到了秋冬季，图中5可以被视为过渡款，也就是承上启下春夏的浅蓝绿色与秋冬季的宝石蓝色彩，到了图中6、7、8就成为更适合秋冬季的色彩宝蓝色。

(a)春夏

(b)秋冬

图4-9　阿玛尼（Armani）2018（二）

为什么要打造"家族感"？

这种家族感在业内也被称为"系列感"和"品牌体系"。这也说明，为什么第二章提到的品牌是一个"系统"工程，而不是单纯好像"卖货思维"那样什么产品爆就做什么产品。品牌体系从战略目标开始，经过了"品牌价值观塑造""品牌定位""品牌DNA梳理"，再到具体的商品企划、设计企划，以及产品家族图谱的建立，这才是一个系统化的过程。

这样做的好处是什么呢？

首先是让产品看上去有鲜明的品牌个性，以与市场上的竞争品牌有所区分。其次，是提高销售连带率但同时降低运营成本。也就是说，"系列感"对商业数据也是有影响的。从设计开发阶段，我们就知道未来我们将如何组合各项产品让它们尽量以"组"的方式被售卖出去，而不是"单款"方式售卖出去。另外，尽量采用同样的面料与色彩来组合开发也会极大地提高整体运营效率并相应降低运营成本。比如同样开发100个款，如果能利用面料和色彩来组合系列，那么也许只要15块面料即可；但如果不考虑共用面料，则可能就涉及要开发、采购更多块面料，这毫无疑问会更耗费精力。

"连带率"也是当下电商产品开发与传统品牌开发最大的差异之一。电商的连带率普遍并不高，这客观上也因为通过手机或者计算机很难呈现一个完整系列的产品，通常都是单款呈现。电商即使可能连带率看上去较高，大多也是因为顾客希望买回去仔细挑选，然后把剩下不需要的再退回，所以电商退货率远高于一般实体店铺。实体店铺服装退货率很少超过两位数百分比，而服装电商退货率（包括直播）大多在30%~50%。退货率背后隐藏了巨大的隐形成本：比如消费者的信任成本（退货太多、太频繁可能会让消费者逐步失去对品牌的信任）、退货成本、仓库物流处理退货的人工成本等。

第六节　AI将加速设计创新的效率

如前所述，数字化将加速企业整体产品开发的效率，但随着AI在各行各业的渗透，它也将对设计工作产生重要的影响。

比如针对当下许多企业"快速出款"的模式，他们大多使用如下的方法：

（1）依靠抄款或者改款迅速出款。

（2）让设计师"卖苦力"，用一种"996"甚至"007"的工作方式不断出款。

（3）人海战术，招多个设计师流水线作业。现在市面上也有一些所谓的设计服务公司，企业花费数百到数万元不等就可以买到所谓的"设计包"，这些设计包括了当下流行的各种款式图。其实他们主要替企业完成了从国内外网站搜索的设计图，有的稍作改动再卖给企业，节省企业自己搜图调研的时间。

如第一章所介绍的，当 AI 投入商业使用后，更多工作者将面临失业的问题。因为 AI 不仅能帮助企业快速出款，更能帮助企业快速创新。

而 AI 主要帮其用户节省了哪些时间呢？

（1）节省了设计师原本搜索、收集资料的时间。AI 通过技术手段捕捉网络上相关的数据会更加高效。

（2）节省了对数据进行梳理、分类、汇总的时间。如果是人工作业，找到了相关图片，还要对图片进行梳理、分类、汇总才能从图片中找到一些能启发自己的设计点，或者找到当下流行的共性。

（3）最为重要的是 AI 可以提供实时动态资料。在手工时代，也许设计师的资料是 1 周前收集的。随后又花了 1 周的时间梳理、分析、汇总所收集的资料。在如今信息爆炸的时代，这两周流行可能已经有了些许变化，AI 则可以提供实时（最更新）的动态。

（4）AI 可以辅助设计师快速延展设计结果。比如，设计师要找类似风格、类似的颜色、类似的品牌，AI 可以快速提供结果。

（5）AI 可以自动深度学习品牌基因与畅销款共性。通过这些共性去针对性地捕捉流行趋势。毕竟每个季度流行元素有许多，它们并不一定都是品牌需要的。AI 不仅会提高设计师的工作效率，而且改善设计师工作的精准度问题。现实中，设计师非常容易根据个人喜好来选择流行元素。比如有的流行元素刚出来，还在初级发展阶段，这个阶段的流行元素只适合"时尚的引领者"或者"先知先觉者"，但可能设计师自己很喜欢就会用到自己的设计中，最后发现设计出来的衣服成为滞销品，因为品牌的顾客只是"流行的跟随者"而已。

（6）AI 可以从网络上找出跟本品牌基因相似的品牌，也就是提供竞品比对。除了解决效率问题，这同样会避免手工时代设计师的一些短板。手工时代，设计师对竞品的认知只局限于自己的经验，很可能市场上存在着一些设计师本人并不了解的竞品。

以上就是AI可以为设计师带来的工作价值。本质上，AI流行趋势与设计是为了提高设计师的工作效率，最终让设计师们的工作更加聚焦于创意本身，而不是寻找资料、收集资料、整理资料等这些琐碎的事务性工作。

第七节　未来的设计师类型

本章介绍了当下有三种主要类型的设计师，而未来，我认为依然会有三类设计师（图4-10）。

第一类依然是概念型设计师。在这类概念下，又有三个子类概念设计师：相对于传统时代的概念型设计师，未来还会出现（现在已经有，只是较少）科技概念型服装设计师。比如今天以3D打印著称的荷兰设计师艾里斯·范·荷本（Iris Van Herpen），以及擅长将技术、艺术与手工融合的侯赛因·卡拉扬（Hussein Chalayan）更像是科技概念型设计师。随着技术的发展，材料创新、智能穿戴等，会有越来越多这样的设计师出现。他们的出现与存在不是为了卖商品给人们，而是不断突破以科技手段设计的极限，做到真正意义上的创新。"艺术"概念型设计师，他们更多的则是传统手工艺的守护者。这些作品通常会被博物馆收藏，并借此让一些优良的手工艺得以传承。虚拟服饰设计师则是随着虚拟世界（元宇宙）的出现而出现，其实他们早就存在于游戏世界了。诸如耐克、古驰都已经推出了虚拟服装、虚拟球鞋。这些虚拟产品会以虚拟形式在纯粹的数字世界流行。

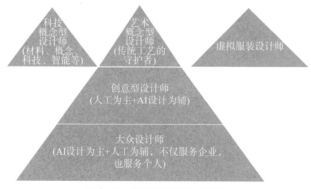

图4-10　未来的服装设计师类型

第二、第三类为原来的创意型与大众设计师依然存在。但随着 AI 与数字化的普及，大众设计师的数量会极大减少，市场需要更多的是创意型与概念型设计师。对于设计师总体而言，这是一个好消息。因为大部分设计师都受困于消费者需求与个人创意间的矛盾。未来的市场会给予真正热爱创意的设计师更多的发展空间。

 陈鑫平：3D 技术正在如何改变时尚？

小 结

1. 设计师分为不同类型。设计师在选择职业时，应该尽快通过实践了解自己要成为哪类设计师。

2. 设计服装与设计其他产品最大的两点区别：服装必须考虑人体着装舒适性以及服装给着装者带来的"符号"意义。

3. 服装设计（产品）部门通常分为三大板块：创意、设计与技术。

4. 产品开发流程主要包括：商品企划—设计企划—产品开发与打样—产品审核。

5. 设计的基本逻辑是"品牌 DNA＋流行趋势＋消费者需求"。

6. 设计企划要考量"产品家族图谱"，也就是产品与产品间的关系。

7. AI 与 3D 设计正在改变服装设计。

练 习

1. 请分别找一家大众品牌、一家设计师品牌、一家电商品牌的设计师招聘广告，对比它们对设计师的要求具体有何区别？你认为造成这些区别的原因是什么？

2. 分析下本品牌的产品"家族图谱（系列感）"，假如满分是 100 分，你会打多少分？为什么？企业又该如何去弥补这些相应的差距？

第五章 制造业：从传统到数字化工厂

第一节 定义、概念与理论

一、SPA（Specialty Store Retailer of Private Label Apparel）

SPA 是 "服装零售商的垂直一体化管理模式"。这种模式从制造端的供应商到终端的店铺乃至最后的消费者管理，都由品牌（企业）方直接参与管理（但并不一定直接拥有自己的制造工厂）。它通常包含以下几个特点：

（1）在零售端直接面对顾客（Direct to consumer）。

（2）在供应链端，直接参与工厂管理，但品牌方并不一定拥有工厂的所有权。

（3）强大的产品计划能力。

（4）高效的产品周转能力（现金周转能力）。

比如优衣库，传统快时尚ZARA、GAP都是这样的模式。这类模式对从上游（制造端）到零售终端全供应链整合与管理能力要求非常高。

二、ODM（Original Design Manufacturer）

ODM 是 "原始设计制造商"，通俗地讲，就是一家企业（通常是品牌方）将设计与加工都外包给这个ODM公司，现在许多工厂也已经将服务拓展到设计。

三、OEM（Original Equipment Manufacturer）

OEM 是 "原始设备制造商"，也就是我们通常说的 "加工厂"。他们一般只是为品牌公司（买家）提供纯粹的成衣加工服务。这里又分为两种常见情况。一种是 "包工包料" 的加工，也就是面辅料的采购与成衣缝制、加工所有环节全部由服装加工厂完成；另一种是服装加工厂只承接服装加工订单，也就是成衣的缝制与加工，面辅料由买家采购或者买家指定供应商。

四、工艺单（Spec Sheet）

工艺单是服装产品加工中对所有制作工艺细节的要求，也是未来质量检测人员检查质量的评估依据。理论上来说，工厂拿到工艺单应当仔细研究对照制作工艺。不过在现实中，大多数工厂只是参照生产样衣实物对照制作。很多人没有耐心看那么细致的工艺单。另外现在由于工厂信息化、自动化、智能化的普及，工艺单也逐步走向电子化。对流水线工人的工艺指导也大多是实时的，比如，通过手机或者平板电脑上的图示或者视频指导，以期降低对人工的依赖，并提高整体劳动效率。

五、跟单（Merchandiser）

跟单是从下单（生产订单）到订单完成（交送仓库）全流程跟踪的人。其具体工作包括了找工厂（供应商）、谈交易条件、签合同下单（采购）、跟踪流程与成本直至最后交货。

六、质检员（QC, Quality Controller）

产品成品验收由QC完成。对于不同的公司所采用的QC组织架构与标准是不一样的。一些大型企业将QC外包给第三方，有的则是由公司内部人员完成。检查对于小订单是全检（100%检测），大订单则是抽检。抽检根据数量规模也有不同。

QC具体的检测还包括以下方面：

（1）外观检查：比如色彩外观、款式设计、材料用料是否都符合要求。

（2）尺寸：这个是QC检测最基础的环节。

（3）测试：这个测试一般需要专业实验室环境与实验设备。比如，抗阻燃、面料成分、洗水标等是否都达到相关标准。有的大型品牌公司会有自己的专业检测中心。

（4）AQL检测标准。

AQL意为"Acceptable Quality Level"（可接受的质量水平），外贸公司大多用这些标准。AQL指"在抽检中的样品检测中，能接受的最多的瑕疵数量"。而质量瑕疵又可以分为以下三种：

① "Critical" 代表必须100%准确，没有容错率。一般小订单按这个标准。

② "Major" 代表1件衣服允许有最多2.5个瑕疵点。

③ "Minor" 代表也就是1件衣服允许最多4个瑕疵点。

七、精益管理（Lean management）

"精益管理"是指"以一种系统的方式以通过不断改进的方式来消除浪费环节，以最终达到最短的生产时间周期的目标……简而言之，精细化管理就是没有浪费的制造"[1]。精细化管理是一件非常专业、系统且复杂但又细致的工程。它也包括了可能读者们经常从媒体上、书本上看到或者工作中听到的"JIT（柔性供应链）"[2]，"六西格玛"[3]理论模型。

上述一段话对于未曾参与过精细化管理的人比较晦涩难懂。这里来用一个形象但不一定精准的小案例来进一步阐释下何为"精细管理"。

假如你有家小型工厂，准备完成制作100件衣服（同一个款式）的任务，你会如何安排呢？你是准备让师傅拿起面料就开始裁剪、制作？还是准备做些计划？如果先做计划，你预备怎么做计划？怎么做才能最大限度地减少浪费时间的环节以便最短时间内完成任务？同时保证质量达标？

再对这个问题进行进一步分解，这个过程涉及人（工人）、流程（程序）、物料（原材料）、设备（缝纫机、烫台等）等要素，每一要素应该具体如何安排？要素和要素之间的链接流程该如何安排？比如：

（1）设备与设备之间的距离、物料与物料之间的距离应该如何摆放才能既最大限度地用好空间又缩短彼此间的运输（货）距离？

（2）从第一步到最后一步流程，每个环节如何设计才能减少浪费的动作与时间，并降低产生错误的概率？

---

[1] Shalini M, Geetharani R, Ramakrishnan G. Lean Manufacturing in Garment Industry, 2011[2022-8-10].

[2] JIT 指在对的时间为对的渠道提供对的数量的货品。简单来说，就是店铺（卖家）随时要货，生产方随时提供，这会大大降低库存的风险。

[3] "六西格玛（Six Sigma）"指"以一种近乎完美的标准来衡量质量……六西格玛是一个自律的、数据驱动的方式"。

（3）人工如何具体操作才能让一个工人在最短的时间内完成一个缝制任务？举例来说，精细化管理会细致到人工作业的每个步骤，细到如何拿裁片（单手拿？双手拿？）、工具应该放到什么位置上（剪线头的剪刀、缝线等）、踩踏缝纫机的姿势、缝制衣服的手势等都是设计的细节，所以它们才被称为"精细化"管理。

如果你能以这个为目的开展你的计划，那么你可以想象自己就是在开展一件精细化管理的工作。精细化也是一个非常细致化的工作。由于当下销售市场对生产端供应链要求"又快又好"（交货周期短且品质好），因此工厂的精益管理越来越受重视。

八、信息化、自动化、数字化、智能化

整个服装制造业都在走向这"四化"。

信息化：信息化指利用计算机软件、硬件与通信技术所提供的信息处理的技术。我们平时在公司用的各种信息软件都可被视为信息化的一种表现。

自动化：是指完全没有人工干预下的设备自动运转。比如，现在的纺织厂基本上都是自动化设备为主，所以车间里人非常少。服装厂里，很多设备也都自动化了，如自动裁床（裁剪布料的设备）。自动化是在信息化的基础上发展起来的。

数字化：指将原本物理空间存在的东西以计算机数字形式（0和1）体现的技术。数字化本身只是将事物的形式转成计算机可识别的数字形式。比如用数码相机拍摄的图片可被视为"数字图片"，而胶卷拍摄的则是"非数字化图片"。"数字化转型"则是指利用数字化技术将整体业务转向数字化模式，这是一个转型过程。"数字化"属于"技术性"问题，而"数字化转型"则是"改变过程"，这个过程既需要技术也需要公司里其他所有部门的参与。

数字化也是在信息化的基础上发展起来的。而数字化和信息化的一个主要区别是数字化"链接"了世界（企业与企业，部门与部门），信息化相对还独立运作。如邮件时代，我们使用邮件软件进行联络，可以被视为一种信息化手段。而今天，我们借助在线办公软件，不仅完成了同事间的沟通，还借助在线办公软件共享资讯、协同作业，企业借助在线办公软件管理团队，即可被视为"数字化转型"的一种结果。虽然表面上也只是使用了某种软件工具，但在其背后涉及工作流程的改变（流程从实体空间转向纯虚拟线上）、交流形式改变（以前都是纸面递

送文件，现在全部是在线共享文件）、企业文化的改变（从等级森严的文化转向透明文化）等。

智能化：涉及了机器人技术、（机器）深度学习（人脑运作）技术等。智能化的发展是在信息化、自动化与数字化发展基础上发展起来的。

第二节　一件成衣的诞生过程

人们从店铺里买的一件成衣从原材料到最后成为成品，中间都经历了哪些过程？服装涉及的原材料非常多，这里以最常见的棉纤维为代表。

棉花首先由农民在地里种出来，到了收割季节"收棉花"——随后棉花会被梳理成棉"纤维"——棉纤维会再通过一定的工艺被整理成"纱线"——纱线再被织成布，成为我们通常所说的"面料"——面料再被送入印染厂进行印染加工——最后，进入成衣加工环节。

在成衣加工环节中，通过质量检测的染色面料会被送到服装加工厂通过裁剪、缝制、熨烫、包装等环节，最终成为一件我们在店铺买到的"成衣"。在服装加工过程中，如果服装还涉及额外的工艺，比如刺绣、印花、洗水等，还需要被送到其他有相关设备与技术能力的工厂完成相关环节（图5-1）。

图5-1　服装制造供应链：从纤维到成衣

第三节　服装制造业与其他的制造业的不同

很多人都觉得服装业加工是一个低门槛行业：买几台缝纫机，组织一批工人，似乎就可以开工厂了。事实上，十多年以前的服装行业，确实充满了这种低门槛工厂。来做工厂的人大多在别的服装厂干了一段时间，觉得很简单，就自己开始干。但事实上，服装加工是一个容易入门但很难做好的事情。

一、服装行业供应链极其长

一件衣服从棉花种植到最终顾客买回家穿着，期间大大小小的环节至少会经过：棉花种植—纤维梳理—纱线—织布—印染—服装加工—特殊工艺（刺绣、洗水、印花等）—仓库—店铺—消费者家中至少十多个环节。当下这个过程几乎都是在不同的地区甚至国家完成的，这就又涉及了物流问题。因此，这一切都造成服装供应链管理极其漫长。

二、服装产品品类丰富，且不同品类涉及不同的供应链

服装产品品类很丰富，从大类上分为男装、女装、童装通常会由不同的工厂完成。因为它们涉及的具体工艺与国标都有一些差异。单从面料来分，服装又可分为三大类产品：针织面料服装、机织面料服装与毛衣（由纱线直接织成的服装）。这三大品类都需要不同的工厂来完成，因为它们涉及的设备与工艺都不一样。

即使都是针织服装，内衣、比较强调功能性的运动装、一般休闲装、时装（比较时髦的成衣）涉及的又是不同类型工厂与工艺。

在机织服装下面，不同类别又涉及了不同工厂与工艺，如棉衣、羽绒服、牛仔裤、连身裙、西服套装等。同是机织，涉及不同的面料时，如羊毛、真丝、棉布，则可能也要更换不同的工厂。

因此，几乎没有一家工厂能够涵盖以上所有的品类。而今天，大多数服装品牌都在做全品类。因此可以想象，他们要同时开发并管理这么多大类的工厂，其背后的复杂程度可见一斑。

三、服装行业供应链涉及的工艺极其多元

相对于其他的一般日用消费品，一件衣服涉及的工艺也非常丰富。比如，一条牛仔裤，除了一般缝制工艺与洗水，可能还会涉及印花、绣花、打孔、上铆钉等特殊工艺。这些工艺通常都需要送到服装加工厂以外的工厂完成。这又加多了供应链环节。

四、服装行业供应链涉及的物料极其琐碎

服装行业涉及的物料既琐碎又复杂。以一款工艺稍微复杂点儿的连身裙为例，其涉及的物料包括以下部分：

（1）面料：如果涉及拼料，那么可能至少需要两个品种的面料。

（2）里布：面料一般指"表布"；"里布"则是表布下的面料，至少需要1种。

（3）黏合衬：主要在领子、口袋、门襟处定型用的一种辅料。

（4）纽扣或者拉链：这类辅料主要用于衣服的开合，有时候也会作为装饰。并且，纽扣、拉链本身还涉及不同的尺寸、材质、色彩，这让物料管理变得更为复杂。

（5）其他辅料：对于一些设计比较复杂的款，可能还会涉及更多的辅料，比如装在袖口的螺纹袖口，这也是要额外采购的。

（6）缝线：大多数的衣服都需要线来缝合，所以线是必不可少的辅料。

（7）垫肩：如果是西服，也许还要用一副垫肩。

（8）Logo标：Logo是作为辅料，通常被缝制在衣领部位。

（9）洗水唛：这个是指示顾客如何护理面料的唛标。需要单独缝制在裙子上。也是一种必用的辅料。

（10）吊牌：吊牌上一般包含产品名称、型号、价格、面料成分、国标（国家标准）、制造地、经销商等信息。跨国公司品牌的吊牌与洗水唛更复杂了，通常还涉及不同语言。而且每一款产品的吊牌都是要定制的，因为他们的价格、名称、面料成分都不一样。

而连身裙还不是涉及物料最多的产品，羽绒服涉及的物料则可能更多，而这只是一款产品。假如一个品牌一年开发的新产品数量在2000~3000款SKU，每款SKU涉及10种物料，那么一年一个品牌需要管理的是20000~30000种不同的物料，而这也只是一家一般公司的物料规模。对于大型电商而言，他们一年上市新SKU可能是上万款，假如是10000款SKU，那么管理物料规模就高达十几甚至几十万种。这对于企业与工厂的物料规划与统筹能力要求是相当高的。这也是为什么，供应链管理是一门极其专业的学科。如何在最短的时间，以最小的成本，采购到这些物料，并根据生产时间作合理安排，都是需要专业的计划、统筹与协调的，

其中甚至涉及一些复杂的数据统计模型等，也因此并非像有的人认为生产是很简单的工作。这些复杂程度，都加大了服装供应链管理的难度。也是为什么服装交货经常被延期的原因。

五、服装产品出新品频次远高于其他产品且时间性要求极高

服装公司每个月甚至每周都要出新款，而服装的季节性和流行性也很强，这一切都要求服装新品必须在特定的时间里，以最快的方式上市。延期交货对于服装店铺来说可以是毁灭性打击，因为一旦错过最佳销售季，则意味着它会成为库存，而服装库存基本是越放越贬值的。

六、服装厂大多缺少现代化管理意识

服装工厂原本是一个劳动密集型行业，当下，它正在从劳动密集型的产业逐步转型到信息化、自动化与智能化的工厂。但相比以其他行业（如电子产品、汽车），服装业的转型是很慢的，到目前为止服装的缝制环节还是多以手工作业为主。现在服装工厂的工人基本上都是40~50岁的人（年轻人不愿加入）。同时，工厂主的现代化与科学化管理意识也都比较薄弱，大多数人还是用一种原生态的管理方式（经验管理）管理企业。

以上的特殊性，也解释了为什么很多新人踏入这个行业（比如创业者、转型者），他们往往发现，阻碍他们前进的不是销售市场，而是漫长、复杂、琐碎且比较原生态的供应链。

第四节　制造供应链的组织架构、职责与常见问题

一、组织架构与职责

品牌公司对制造部分的负责部门，原本都是"生产部"负责的。不过，随着市场对生产要求的提高，这些"生产部"都被升级为了"供应链"部门。相较于原本只是单纯负责生产，供应链部门管辖的范畴就更大了。

它主要包括了以下职责范围及功能（图5-2）。

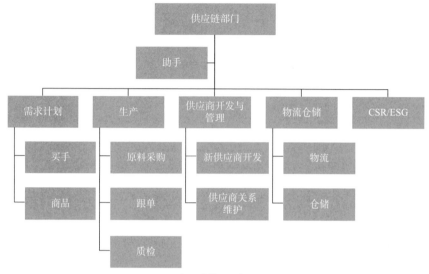

图5-2 一般服装供应链部门组织架构

（一）需求计划

这个"需求计划"就是"销售需求预测量"，根据销售预测再来对生产需求进行预测与计划。这个数量，就是从买手对销售订单的预测需求转化而来的。不过，有的大型公司把买手放在供应链下，也有的把买手和商品一起单独设置为一个部门，也有的买手是独立部门。但无论如何，这个买手角色存在于大多数公司。

（二）生产

生产部具体负责生产下单、原料采购、跟单与货品验收等。对于大型企业，这个部门可能还会按产品品类再进行细分。

（三）供应商开发与管理

开发新的供应商，并且对供应商进行关系维护与管理。具体来说，它们又包括对供应商进行定期评估，根据评估进行供应商级别进行升级或者淘汰，日常关系维护等。

（四）物流仓储

传统时代的物流与仓储都极不被重视，外人可能会觉得这里要拣货运货，就是一个卖苦力的地方。今天的物流与仓储已经非常现代化了。大型企业的物流与仓储大多靠传输带、机器人"搬运"货品，靠信息化管理整个仓库。不过大多数中小型公司大多还是手工作业。

（五）CSR/ESG

CSR代表"Corporate Social Responsibility"，ESG代表"Environment（环境）、Society（社会）、Governance（企业治理）"。简而言之，它们代表着企业需要以对环境、社会、企业负责任（遵守道德、法律）的方式管理供应链，因为供应链环节多涉及环境污染、浪费、劳工工作环境等问题。

从工作成果而言，供应链就是要根据市场（销售）需求，按时间、质量标准、最优成本满足销售订单需求。

二、供应链人才要求

（一）供应链专业背景

目前很多公司好像追流行一样把自己公司的"生产部"名字改成了"供应链部门"，但本质上还是用传统的生产部管理方式作业，这只是换汤不换药的做法。在当下数字化时代，对供应链人才的需求与传统时代的生产部已经有了很大的不同。传统的生产部大多靠手工作业，而专业的供应链人才门槛是较高的。如前所述，供应链中，如何对每年数（十）万件的物料进行合理规划、采购、仓储管理，如何获得最优的成本（包括很多看不到的隐性成本），其实背后涉及专业的数据分析能力与统筹能力。这些已经不是靠一般经验可以解决的，需要依赖专业的学习，以及强大的信息系统支持。

（二）谈判能力

开发与管理供应商、采购都涉及商家之间的诸多商业条款谈判。供应链人才需要具备良好的沟通表达力、情商与谈判能力。

（三）风险管控能力

风险管控能力对于供应链管理也是不可忽略的一部分。现实中有大量的即使签订了合约，也可能因为各种突发事件或者供应商问题而导致订单无法按时按质按量交货的问题。特别是在今天环境日趋不确定的情况下，提前对可能发生的问题进行预判，设置好应急方案（plan B）等尤为重要。

（四）熟悉产品工艺

供应链管理涉及产品品控，所以要求相关人员要熟悉产品的工艺、制作流程等。

（五）职业操守

理论上来说职业操守是每个职场人士应该具备的基本修养，对于供应链工作人员这个操守问题显得尤为重要，因为其涉及许多采购方面的工作。虽然现实中总有人抱着侥幸心理，觉得周围人好像很多人都会"贪"些不该贪的钱财，但纸终究包不住火。与其求得一时的满足感，不如让自己的良心平安更为重要。

三、供应链工作人员痛点问题

最大的问题还是服装供应链的漫长、复杂、烦琐，涉及的跨部门沟通太多，导致供应链管理其实是一项相当艰难的工作（虽然每项工作都有自己的难处）。特别是服装业当下正处于转型期，一方面市场要求产品做得又快又好；另一方面，大部分工厂还处于原生态管理阶段，信息化、数字化发展完全跟不上零售端的发展速度，这就造成了两者之间的矛盾。

另外一个痛点问题则在于退货管理，这点对于电商尤为明显。在传统实体店时代，一般服装的退货率大多在个位数，到了电商时代，这个数字基本到了30%~50%，有的甚至可以高达80%。虽然从前端看，顾客只要发个快递就可以退货，但这种退货对于物流与仓库则几近"灾难"。如果说仓库发货以"秒"计算，而受理"退货"一件产品可能会要以"分钟"计算。因为顾客退回的货品包装大多已经破损，服装可能也被试穿过，需要再次检验是否达到可继续销售标准，还是只能做次品处理，最后需要重新包装、装箱等。在"双11"这类大促活动中，企业发货可能是1~3天，但是处理退货就需要高达1~6个月。这背后都是被浪费的巨大的隐性成本。因此，现在更多的商家鼓励销售理性做销售，引导顾客理性购物，尽量避免本不需要的退货。

 钱铭、付冬冬：从传统到数字化，工厂发生了哪些巨变？

第五节　品牌公司的供应商开发流程与标准

通常来说，一家正规的品牌公司在开发并选择供应商时，都有一套严格的流程与标准。这套资料通常会以正式的文本形式提供给供应商。一般来说，国际一线品牌在这方面资料都非常详尽。国内一线品牌目前也在供应链管理上趋向于正规化、专业化、在线化（线上系统交接）。以下便是一家品牌在和供应商沟通时通常会提供的流程与标准要素，这个流程也显示了一家正规的品牌公司通常在生产方面的相关流程。它也基本代表了甲乙双方开启合作的流程与标准。

一、CSR或者ESG标准

CSR（企业社会责任）是指商业企业在赚取利润的同时，也必须考虑对社会造成的影响，包括但不仅限于企业行为对环境所带来的影响、对员工（劳工）的责任感、对相关社会事务所承担的责任（如慈善事业）等。这几年，"CSR"正在逐步发展为"ESG"的形式。ESG在要求上比CSR更为广泛。不仅包括了对外的环境保护责任以及所应当承担的社会责任，也包括了企业对内治理的标准。比如，企业是否按相关法律法规管理员工，是否做到了性别平等（主要是考察女性员工占比与女性管理者占比）等。ESG当下也是国家层面监管企业发展的重要衡量指标。一些国家或者地区上市公司行政管理机构（证券交易所）已经明确规定公司上市必须达到相关的ESG标准。因此，现在大型投资机构也已将ESG列为重要考量指标。这一切目的都是要求企业不应将盈利视为唯一的企业运营标准，而是以一种健康、可持续发展的方式发展商业。

知名品牌公司大多将"社会责任"视为"第一重任"。除了因为这个是大势所趋之外，也因为这些知名企业，特别是国际一线品牌都需要时刻接受政府与相关公益机构（比如环保公益机构）的监督。这点对于品牌意识不强的企业和工厂可能难以理解，因为大多数情况这都意味着企业在成本上需要做更大的投入，但从长远来说，这个对整个行业乃至社会的发展都是有价值的。

二、开发与制造流程

这部分主要告知供应商本品牌开发供应商的流程是什么？以及本品牌下单与跟进供应链的流程是什么？

三、新供应商执行流程

如果是第一次加入的供应商，应该如何开启与本品牌的合作之旅？

四、成本预算模板

这里成本预算模板是指供应商对产品的初步报价。一件服装产品的报价一般会经历以下四个过程：

（一）商品企划阶段的预算范围定义

商品企划部就会为新产品规划一个零售价范围以及服装采购成本预算范围。设计师需要在成本预算内寻求相关面辅料，并在设计的时候考虑到无论是款式设计还是工艺都不能太复杂，因为它们都可能涉及未来超出预算的可能。不过，在现实中，设计师并不期望这样被"束缚"，从而导致了经常出现等到样衣做出来后，才发现成本太贵，根本无法上市。而这也就浪费了开发时间与设计师精力。因此，在这方面，还需要设计师理解品牌如此运营的原因。特别是现在，消费者对价格也非常敏感与挑剔，因此成本控制就变得更为重要了。

（二）出样衣后的成本预算

在设计样衣做出来后，企业内部（通常技术部或者成本核算部门）会对实物样衣进行成本预算。如果设计样衣是由加工厂代为制作的，则这个时候初步预算由加工方提供。

（三）订货时的成本预算

有些大型公司（特别是国际一线品牌）还会专门制作一批销售样衣。销售样衣通常是订货会时使用的。因为大型公司参加订货会的人可能比较多，有的大型品牌单单样衣每款定量会在十几件到上百件左右（全球市场各个国家的订货会）。这个时候可能会初步请供应商提供预算。在从订货会收集完订单后，该"销售订单"会被转化成"生产订单"。理论上两者是一种订单，但现实中两者会有一定的差异。这个差异主要体现在以下三方面：

（1）一些无法达到最低生产订量需求（MOQ，Minimum Order Quantity）的款式可能会被取消。

（2）从订货期到最终下单生产时成本可能产生了较大的变化从而导致产品无法按原价销售给订货方，需要重新确定价格与订货数量。特别是最近几年，由于突发事件导致原材料上涨的情况时有发生。因此报价也不太稳定。

（3）其他一些不确定因素导致订单的变化等。

（四）合同成本

生产订单被确认前，工厂都会被要求基于订单数量预算与设计、销售样衣提供"成本预算"，也可以被理解为一份"初步报价单"。如果初步报价单被品牌方确认，则工厂会开始做第一件"生产样衣"。第一件生产样衣制作后，工厂通常会在第一次预算基础上做些调整。在"生产样衣"被品牌确认后，也就是业内常说的"生产封样"，这个时候的报价通常都是"正式生产订单合同价"了。原则上，一旦合同签订后价格就不会再产生变化了。但事实上，由于外部环境的突发事件或者工厂内部管理问题而导致生产订单的问题也时有发生。

就总体而言，品牌公司对成本控制非常严格。除了因为成本与品质关联，也因为品牌公司一般规模较大。品牌公司年产量可能在数百万到数千万件，即使每件衣服相差1元成本，最终可能也会造成数百万元到数千万元的差异。因此，在报价方面，大型品牌公司也都有专门的成本核算部门，这个部门与生产部（供应链部门）通常分离，主要就是为了做到尽量合理、客观，同时尽量减少采购部向工厂索贿的可能性。

五、样衣制作流程

通常，在加工厂提供了初步成本预算并被买方确认后，工厂便会被要求制作样衣。品牌公司对样衣制作流程与标准也会有严格定义。如前所述，一般品牌样衣涉及设计样衣、销售样衣与生产样衣。有的公司会全部委托外加工厂制作；也有的会内部做设计样衣，将其他两类样衣交给外部工厂做。因此针对不同类型的样衣，品牌公司处理方式也都略有不同。但就总体而言，在请加工厂制作样衣前，品牌公司都会提供一套完整的"技术包"（Tech Pack）加实物样衣（若有）。"技术包"包括了设计图、技术图以及详尽的工艺说明。通常里面还会包括面辅料小样以及这些原材料指定供应商的联络方式（大品牌公司通常都会指定原材料供应商）。

流程则包括了具体的操作程序、时间要求以及相关负责部门（人）。比如，工厂必须在收到所有相关资料后几天内提供第一件样衣；品牌方会在收到样衣后几日内完成反馈；工厂在收到反馈后必须几天内提供第一次修正样衣等。

现在有少数品牌公司开始采用3D样衣软件制作样衣。这个大幅缩短了整个产品开发流程。他们通常会在数字样衣确认后把整套3D样衣电子技术包发给工厂，再由工厂直接输出做成实物样衣。

六、打色确认流程

通常在样衣制作、修正的过程中，面料采购也会开始面料下单的流程。与一般中小型电商、中小型品牌公司或者批发市场以买现货面料为主不一样，大型品牌公司的面料多为定制的。因此生产周期更长。一般面料从下单到交货多为1~3个月。如果是自己研发（或者请专业公司研发）的面料，则涉及周期更长。在这个过程中，面料涉及"打色"问题。服装公司的"打色"指面料供应商先提供染色卡给品牌方（设计师）确认，以确保色彩准确（一般对照色卡或者色布）。

在现实中，色卡确认是一个非常烦琐的过程。色卡确认很少能一次到位，经过两三次确认是非常普遍的现象。主要原因如下：

（1）目前大部分色卡确认还是靠人工（肉眼）确认。每个人的色彩感并不完全一样，这导致这个过程多少有些主观。

（2）色彩确认需要用到被校正过的色光源（灯箱），但是许多公司并没有这样的专业光源，只能借助自然光看。

（3）染色是一门非常专业的技术，不同的面料及不同的工艺涉及不同的染色技术，且同样的染料与工艺，在不同的温度下与面料上都会有不同的染色反应。总之这是一个非常专业且细致的工作。

现在随着技术的发展，也可以通过测色仪来校色，这极大提高了校色准确度与效率。在这部分，品牌方会明确本品牌的色彩标准，打色确认流程以及大货生产面料打色确认流程。

七、大货确认流程

生产封样确认后，就到了大货生产流程。有的品牌公司会委托第三方生产代理公司跟单与质检。也有的会自己派人跟单与质检。这个确认流程同上述的"样衣"确认一样，会明确告知具体的程序，每个程序的负责人，以及反馈时间标准等。

八、商标标准

一般的服装成品都会包括主标（一般指Logo标）、洗水标（护理指示）以及面料成分标。品牌公司通常会统一从指定供应商采购这些标，并按订单数量交给服装加工厂。这里的资料主要告知服装加工厂不同的商标，针对不同的品类与款式的服装应该被缝制在衣服的什么地方。

另外，名牌企业，特别是国际一线品牌对商标的使用有严格的限制。如果品牌方提供了1000个商标，则加工厂必须在递交成衣时也是1000件带有商标的成衣，不能少一件，即使是次品甚至废品也需要完全归还。这主要是为了防止所谓的"工厂尾货"通过非正常渠道流向市场。

九、其他标准

（一）产品质量、安全标准

这部分会非常详尽地提供品牌方的通用产品质量要求（具体到每个款式另外还有工艺单与质检标准）。品牌公司质量与安全标准通常是按品类进行明细分类的。虽然也有国家标准，但自我要求高的品牌公司制定的质量检测标准会高于国标。

（二）第三方质量检测流程

如果品牌公司委托第三方质检公司检测（通常国际一线品牌会采用这样的模式），这里会告知被授权第三方质检公司名称与联络方式及抽样率。

（三）条形码

一般商标上都会印有商品的条形码。这里会告知条形码印刷位置与尺寸。

（四）塑胶袋包装标准

包括了服装折叠方式与标准、不同产品对应的包装袋尺寸与色彩。

（五）装箱标准

包括了装箱单标准与装箱标准。针对不同的款式，采用不同尺寸的箱子，每个箱子应该放多少件等。

上述流程与标准也可以解释本书第二章，品牌何以成为品牌以及品牌与卖货的区别。国内除了少数大型集团公司有类似甚至更加严格的流程与标准，大多数企业在品质与流程管理上还有很大的成长空间。

第六节　品牌跟踪供应链系统

一、没有钱购买昂贵的信息系统、组建专业的供应链团队，该如何跟踪[1]

鞋服行业真正能花巨资投入做数字化转型的企业还是极少数的，但这并不意味着其他企业就无法做数字化转型。对于大多数企业来说，采用Excel表格是一个非常不错的半手工跟踪供应链系统的方式。在这里，我将以"面料"跟踪与"样衣"跟踪为例（表5-1）。从企业实操而言，企业如果想以这种方式半手工跟踪供应链，则应该还要做一个"辅料"跟踪表格以及"成衣"跟踪表（从大货生产开始）。这些表格跟踪原理大同小异，故这里将只以"面料"与"样衣"跟踪为例。这些表格能够帮助企业详细跟进从产品开发到生产周期里每一个详细的环节，比较适合每年开发款量在数百到一两千款的规模。如果数量再多，基本就很难靠这种人工手段跟踪。

（一）用好项目管理软件或者Excel表格

中小企业现实中具体跟踪方法有两种：

（1）借助现在的"项目管理"软件，或者"在线办公软件"（在线办公软件通常也包括"项目管理"功能），将相关日期、成本、负责人等关键信息载入这些软件，并赋予相关责任人相关权限（比如在该责任人没有按计划时间完成规定动作时提醒该责任人；或者该责任人按时完成某项任务时在系统确认完成等）。这些软件能够自动监管并提醒相关责任人何时应该完成何项任务。

（2）对于不擅长使用项目管理软件的人而言，则可以找一个专人负责人工跟踪Excel表格。对于那些没有按时间和成本完成任务的可予以提醒。对于其中一些严重的问题应当及时汇报给管理层。

---

[1] 本部分表格均由笔者在公司负责业务时经过实操总结的表格应用。

表5-1 面料跟踪表

类别	项目	内容
基本信息	面料代号	
	面料名称代号	
	面料供应商代号	
	面板样单号	
	产品名称	
	颜色色号	
	上市日期	
面料描述	面料成分	
	门幅	
	克重	
	缩水率	
面料大货	订单颜色及码数	
	色卡颜色确定日期	
	合同确定日	
	合同交货日	
	船样日	
	大货到货日期	
	实际到货数量	
	面料出库单号	
	发票号	
	合同单价	
	第一期付款日期货款金额	
	第二期付款日期货款金额	
	第三期付款日期货款金额	
	付款日期	
加工流程	备注	
	验布日	
	裁床开裁日	
	裁床完成裁期	
	车间开货期	
	中车间完成期	
	尾部检完成	
	尾检计划出货期	
	实际出货期	
	备注	
	成衣入库单号	
	实际成衣入库数量	
	成衣出库单号	
	实际出库数量	
加工费用	单件面料用料	
	单件面料合税成本	
	单件含税加工费	
	加工厂加工件数	
	单件特殊工艺成本 付款说明	
	单件辅料成本 付款说明	
	付款说明	
成衣单件总价	本公司总采购合税成本	
	零售标价	
	毛利率	

（二）用 Excel 表跟进方法

那么这张 Excel 表格应该由谁来输入信息呢？相比我在公司做管理时所处的传统时代，今天的"共享文件"是一个伟大的发明。因为在我还在企业工作的时候，我只能找一个助手来专门向各相关同事每天手工收集信息并输入表格，我则从表格上监控项目全貌。好在那个时候我们一年的款量也就不到 1000 款，人工尚能应付。而今天借助共享文件，只要请各相关同事各自输入自己负责的部分即可。所有人都可以及时看到实时更新的文件。

1. 面料代号

给所有相关原材料（面料、辅料、产品等）取一个编码（代号）对于数字化信息处理是基础。编码通常由数字与英文字母组成。这种编码通常都具有一定的含义。以面料为例，其编码可以是：供应商城市首字母缩写—供应商提供的面料类别—供应商名字首字母缩写—面料型号。

例如，FS-C-JX-K001，可以被理解为"佛山—棉（Cotton）—吉祥（供应商名字）—针织面料 001 号（K 是 Knitwear 的缩写）。"

编码的好处在于能够快速加快信息处理的效率，而从阅读而言，我们也能通过编码快速了解其含义。也因此，通常这些表格外还会有一个"编码对照表"，解释编码的组成方式以及每个要素的含义。

2. 面料名称

面料名称应该让人一眼看明白面料成分与特点：比如双面涤棉针织布、涤棉混纺斜纹布等。

3. 面料供应商代号

同面料代号一样，每一家供应商均可被赋予一个独一无二的代码。面料代号可以是"面料供应商代号＋具体的面料编号"。

4. 板单号

"板单"通常是业内称呼产品开发阶段所使用的表单。该表单上通常会有产品基本信息、产品的款式图、工艺指示、尺寸要求、面辅料小样贴样等。该表单主要由设计师使用，是设计师与技术部（板师、样衣工等）沟通的基本表单。

传统时代，大多公司设计师都是手工填写该表单并绘制设计图。今天因为大多数设计师都可以用电脑绘图，所以即使没有办法使用专业的软件来管理产品开发，那么也可以用电子版的办单来做。电子板文件便于管理也便于搜索。纸质表单很容易丢失。

在面料跟踪环节，大多数情况下品牌公司会一块面料开发几款产品，比如同时做连身裙、衬衫、半身裙等。所以不同板单但是共享同一块面料的应该作为"同组"产品进行开发。

5. 产品名称、色彩、上市日

这些都是产品的基本信息。"产品名称"也需要能让人一眼想起这是具体哪款产品。现实操作中，我们不太可能记住每一个款式，也不太可能记住每一个款式具体的样子，因此"名称"主要是为了提醒我们这是一款什么产品。比如，"V领小碎花包裹式连身裙"，这就能让我们大概想象出这是一款什么样的产品。

色彩名称则根据不同公司产品管理的精细化程度取名方式有些不一样。有的会比较粗略，比如"红色""黄色""绿色"等。也有的会根据流行色发布报告上的名字取名，让色彩表达更加具象：比如"雾霾蓝""荧光绿"。假如再做进一步的细化，也可以用潘通色卡的色号来命名，但是色号是很难由人眼辨识具体是什么色彩，因此还是需要对于色彩进行文字说明。另外，如果需要，也可以在其旁边再加一栏"色彩图片"，用图片做补充说明。但需要澄清的是，表格上不要只有图片没有文字或者数据，因为图片在Excel里是不可被搜索的。

6. 面料描述

面料描述则具体介绍面料相关的信息，比如面料成分、门幅、克重、缩水率等。

7. 面料大货生产阶段

在这个阶段，重点是跟进价格、付款与时间。在时间方面又可以区分合同签订日、分期付款日、大货到货日。如果希望对面料大货进行明细跟踪，则还可以按照面料生产的具体环节将本表时间表细化为：纱线—织布—印染等。面料阶段的跟进通常由面料采购负责。

8. 加工环节

在这里，企业可以按照具体加工环节来跟踪具体信息。一般来说，这部分环节可以从面料进入加工厂"验布"环节开始，随后进入"裁床"—"流水线（缝制）"—"熨烫"—"后处理"—"验货"—"包装"等阶段。这部分通常由跟单具体跟进。如果加工过程中还涉及额外的绣花、成衣印花、洗水等工艺，则应该把这些环节也加入。

9. 加工费拆解

拆解费用的目的是保证价格的合理性。对于买方来说，特别是对于本身不是做生产的创业者来说，很难判断采购成本的合理性，而将总报价拆分成明细报价就是辨识价格是否合理的方法之一。越细节，越容易发现问题。新手也可以通过货比三家了解行情；而一个更可靠的方式是腿勤快，多去跑跑各地市场，通过现场看面料、看衣服或向前辈请教来快速提高自己对报价的认知。

这里需要另外说明的是，现实中报价常常因为税率问题而产生分歧或者误解。大多数中小公司报价都是不含税的，甚至现金交易，不开发票。这些其实都属于不规范行为，因为其背后可能涉及逃税漏税行为。通常报价应该包括含税价（并说明税率）以及不含税价。并且跟踪表格上应该标记价格是含税价还是不含税价。有的企业因为表单（或者系统）未标记清楚价格是否含税，导致使用者有的认为是含税价，有的则认为是不含税价。这一切都很容易导致数据误差。

最后则可以总结出某款产品可能的总采购价（面料+辅料+加工费等）。并通过计划的零售价与预算采购价来推算该款产品的毛利（销售收入－货品采购成本）。

表5-2为样衣跟踪表的示范案例，应用方法同上。

表5-2 样衣跟踪表

基本信息							样衣					面料预算					辅料预算					总预算					
品类	序号	板单号	色号	产品描述	上市日	板单下单日	设计师	板师	完成日期	裁剪	完成日期	车板工	完成日期	面料门幅	预算面料单耗	预算面料单价	单位	预算面料价格	预算辅料明细	辅料单价	辅料单耗	单位	辅料价格	预算加工费	总预算成本	预算批发价	预算件数	预算零售价	备注

10. 跟踪表的作用

（1）让我们对公司产品整体有一个全貌的了解。

（2）便于随时搜索每款产品的具体现状。

（3）最主要是为了能够提早发现异常，比如，某款产品在样衣阶段被耽误了7天，那么这7天差异时间要如何弥补才能让最终大货交货日期不被延误？跟踪表能让我们对异常情况及早进行干预从而解决问题，或者预防更大问题的发生。

（4）这种跟踪方式得以让我们一开始就能够跟踪时间，并了解我们的成本控制是否合理。

二、现在大公司的数字化系统如何跟踪供应链

大公司在信息系统上投入的金额都是至少千万元以及上亿规模的。本书当然无法涉及这么复杂的系统，但是可以简单和读者们分享下，现在以数字化驱动的工厂都是如何靠系统运作的。他们一个最典型的做法，便是打通品牌终端店铺的POS系统（Point of Sales，销售系统，里面主要是每天的顾客交易数据）与工厂里的生产系统。表5-3便是一种打通两个系统的数据示意表。

表5-3 大型公司后台数据示意表

款号	色彩	尺寸	产品名称	目标库存	在手库存	在产库存	理论补货量	可销天数	剩余生命周期需求建议	剩余生命周期需求量	本次成品补货量	昨日销量	14天销量	累计销量

其背后的工作原理是，品牌公司会为每款产品设置一个"安全库存"或者"目标库存"。"安全库存"也就是为了保证该商品不会因为库存缺少而产生丢掉销售机会的现象的一个安全数据，也就是最低库存数量。随后工厂系统会每天根据前端实际销售数据，依照这个目标库存实时补货。以这样的方式来保证店铺的商

品库存处于"安全"状态——既不会因为生产量太多而产生多余库存，也不会因为生产量不够而导致店铺丢失销售机会。

 优衣库何以做到极致性价比？❶

小 结

1. 服装制造业与其他的制造业有何不同？

服装行业供应链极其长；

服装产品品类丰富，且都涉及不同的供应商；

服装行业供应链涉及的工艺极其多元；

服装行业供应链涉及的物料极其琐碎；

服装产品出新品频次远高于其他产品且时间性要求极高；

服装厂大多缺少现代化管理意识。

2. 制造供应链的组织架构、职责与常见问题：

供应链的工作内容主要包括：需求计划、生产管理、供应商开发与管理、物流仓储以及CSR、ESG。

供应链人才要求主要需要有供应链专业背景、谈判能力、风险管控能力、熟悉产品工艺并且具有职业操守。

供应链人痛点问题主要是服装供应链相对的复杂性及大量的退货造成的巨大的人力工作量。

3. 一般品牌公司的供应商开发流程与标准：

CSR与ESG标准；

开发与制造流程；

❶ 本部分内容主要根据其母公司迅销公司2000年到2020年的财报整理。

新供应商执行流程；

成本预算模板；

样衣制作流程；

打色确认流程；

大货确认流程；

商标标准；

其他包含在文件里的内容：产品质量、安全标准，第三方质量检测流程，条形码，塑胶袋包装标准，装箱标准。

4. 品牌一般如何跟踪供应链系统？

没有钱购买昂贵的信息系统、组建专业的供应链团队，可以自己建立Excel表格进行人工跟踪，或者使用项目管理软件跟踪。

大公司的数字化系统跟踪供应链主要有赖于打通销售端与工厂端的信息系统，让工厂可以实时看到前端销售数据，并根据前端销售数据、后端安全库存要求合理备货。

练习

1. 假如你在一家中小型公司工作，第五节的Excel工具表是否能被你调整为适合于自己本公司的产品大货生产跟踪表？

2. 假如你在一家大型公司工作，调查下当下的供应链系统有些什么痛点问题？这些问题应该何以解决？

03

营销篇

第六章　销售之实体店零售

第一节　定义、概念与理论

一、零售（Retail）

"零售"是相对于"批发"而言的。通俗地讲，就是指直接面向个体消费者的销售行为。这个不仅仅指实体店销售，通过社群、直播、图文等线上形式销售给终端用户的都可被视为"零售"，虽然人们更习惯将它们称为"电商"。零售的本质是将对的货品，通过对的渠道，卖给对的人，也就是我们常说的"人、场、货"的匹配。

（一）品牌的销售模式（图6-1）

1. 直营店（Direct-Operated-Store，DOS）

一般就是品牌公司自己直接开的店铺。这些店属于品牌公司的"零售业务"。

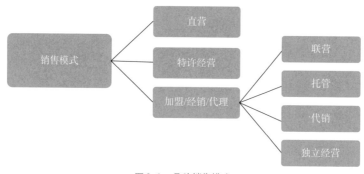

图6-1　品牌销售模式

2. 品牌授权（licensee）

也被称为"特许经营"模式。也就是授权某企业合法使用自己的品牌商标或者品牌标志性图案的模式。

3. 经销商（distributor）

即品牌公司不是自己直接开店，而是通过第三方企业，即经销商开店，销售给顾客。这种对于品牌方而言属于"批发模式"。

（二）"经销商""代理商（agent）""加盟商（franchisee）"与"特许经营（licensee）"区别

业内常常并不区分这几个词汇，但严格意义上来说，它们还是有些许区别的。

1. 加盟商与经销商

加盟商通常是以100%的模式复制被加盟者的店铺的，而被加盟者可能是品牌专卖店（单一品牌），也可能是品牌集合店（多品牌）；经销商并不一定需要100%复制被经销品牌的店铺。

例如，某家运动品牌公司A，委托公司B经销A公司产品。如果B开的是A品牌专卖店且完全按A公司标准运作，则B可被视为"加盟商"。如果B自己有一家多品牌集合店C，B方在C店铺销售A公司产品，严格上B应该被视为"经销商"或者"代理商"，而不是"加盟商"。

2. 代理商与经销商

"代理商"与"经销商"也有着显著区别。经销商与加盟商一般都需要买断货品，也就是拥有货品所有权。而代理商模式则是寄卖形式，卖掉产品后，对销售进行提成，剩下的返还给甲方。

因此，在签订合同时，应该对上述运营细节做细分。名称本身并不重要，重要的是双方具体合作条件与要求究竟是什么，应该澄清。

3. 品牌授权与经销商

另外，很多人不甚明白"品牌授权"与"经销商"模式的区别。两者也有显著区分。无论是经销商、代理商还是加盟商，他们都只拥有甲方产品的"销售权"。而"品牌授权"则指甲方授权乙方使用甲方的商标或者拥有版权的图案、漫画形象等。比如，迪士尼就是全球最大的品牌授权商之一。游乐园与电影是他们的主业，而我们平时从市场上看到的带有迪士尼动漫人物形象或者 Logo 的诸如服装、玩具之类的产品都属于"品牌授权"业务。品牌授权模式授权乙方"设计、制造及销售"甲方产品，权限比经销商模式更大。

品牌授权业务收费模式与经销商也不一样。经销商一般买断商品，品牌授权模式则按照销售收入提成百分比，收取"（品牌）版权费"。知名品牌提成百分比高，且一般有最低收费（无论销售是否达标均需按此交费）。可能大家会好奇，甲方又如何监督乙方是否瞒报销售业绩呢？因为这样可以少缴纳版权费。通常来说，合同上甲方会要求可以派出第三方审计机构去乙方公司（店铺）查账。如果查出瞒报，则必然有重罚。特别是知名企业对这点要求很严厉。因此一般瞒报的可能性较小。但如果是影响力没有那么大的品牌授权，则大多靠自觉与经验判断了。

品牌授权业务模式与经销商合作模式也不一样。经销商一般买断甲方货品后，只要按照甲乙双方约定的合同条款执行销售即可。但是品牌授权业务要求乙方开发新产品的过程中，每个环节（图纸—设计样品—实物样品—销售样品等）都需要获得甲方的批准，否则便视为违约。如果是和知名国际品牌合作，这个流程还是相当漫长的。假如该品牌又在国外，则更漫长。

二、批发（Wholesale）

原则上而言，零售通常是单件销售的，而批发是一批一批卖的。因此，批发业务通常有最低起定量的。批发也被称为"2B"（to business，面对企业客户）业务。

但批发业务也分很多种。从服饰鞋业而言，批发主要有三种模式。

（一）经销商批发模式

品牌公司通过经销商模式销售，对于品牌公司，就是一种批发模式；而经销商才是真正的零售商。经销商可以被视为品牌公司的"大 B"客户。

1. 独立经营模式

也就是由乙方独立经营，且一般需要买断甲方产品，按照甲方（严格的开店标准）要求开店销售。国际一线品牌大多采用这种模式。

2. 联营模式

指品牌方（甲方）与经销商（乙方）联合经营开店。在这种模式下，有的甲乙双方共同注资在当地开店；也有的则是甲方出货品并承担相应的库存风险，乙方具体负责开店方面的开支（租金、人员、道具、装修等）。总之就是双方都要做一定投入，至于谁投入什么、各自承担什么风险、最终如何分享利润是由双方共同确认的。现在许多国内知名品牌都采用了这种模式。这是一种由甲乙双方共同承担风险的销售模式。

3. 托管模式

托管更适合品牌知名度不高或者新品牌拓展的一种模式。托管指"委托管理"。通常店铺的主要投资部分由品牌方甲方做，包括货品、租金、装修、道具等，而托管方则负责当地店铺拓展以及店员招聘、培训，受托管方乙方按销售收入提成。提成比例则主要根据受托管方具体承担了什么责任。比如，如果乙方承担了员工工资，则提成比例会相应高；如果乙方几乎不承担什么成本开支，则提成比例会低。受托管方更像现在的电商代运营，他们收的属于"服务费"。

4. 寄卖模式

品牌方先将货品交由销售方销售，销售后再结算。这种比较适合小众的设计师品牌。现在很多设计师品牌在买手店就是以寄卖模式做销售的。寄卖也是销售提成制。销售收入大头（一般60%~70%）由设计师品牌方收，收入小头（一般30%~40%）由销售代理方收取，但是这个比例主要取决于双方的力量博弈。强势的一方总会收取更高的费用。

严格意义来说，托管与寄卖都是"代理"模式。

（二）工厂批发模式

工厂为品牌公司加工，也可以被视为一种批发模式。当然，今天工厂每批订单量已经从十多年前的以"万"件为单位，下降到以"百"甚至是"十"为单位了。

（三）批发市场模式（档口型批发商）

批发市场也是批发模式的一种表现。我们国内有很多大大小小的鞋服箱包配饰以及面料批发市场。批发市场还分为"一批（一级批发市场）"与"二批（二级批发市场）"。"一批"指一手货源，他们通常是工厂或者直接从工厂出货。一批市场主要在广东、江浙一带。这与当地拥有鞋服制造产业集群相关。这些地区面对的是来自全国各地（也包括部分境外批发商，比如非洲、东南亚）的客户。"二批"则是从一级批发市场批发的批发商，遍布于各个省份与地区。他们面对的客户主要是当地的"小B"业务（主要是街边小店、个体户电商）及终端消费者。这些批发商在有统一管理的批发市场租赁一个"店铺"，这些"店铺"在业内也被称为"档口"。

许多批发商在拥有批发市场开设档口外，他们不少也已触"电"。1688平台是一个较为主流的批发电商平台。另外还有总部在广州的"一手"也是一个业内较为主流的服饰类批发平台。随着直播、社交电商的流行，很多批发档口也直接面对个体客户了。面对个体客户同时也是市场竞争激烈的结果。现在许多档口型批发商也都面向终端消费者销售，只是售价会略高于批发价。

另外，鞋服业的批发市场也正在不断升级迭代。一些较为主流的批发市场已经不再像从前那样只会卖低端、廉价商品。批发市场管理方（房东）甚至也邀请了国内外服装设计师入住，以提高批发市场产品的原创能力，而不再是以抄袭、复制为主的商业模式。也因此，有些设计师最早也是通过批发市场赚得了第一桶金。

三、电商（E-commerce）

电商，即"电子商务"今天已经为众人所熟知了。电子商务即借助互联网做货物或者服务交易。今天，单从交易而言，人们几乎可以通过电商购买到任何商品或者服务。天猫（淘宝）、京东、唯品会、拼多多、抖音、快手各自的经营理念与模式不尽相同，前三位被视为"传统电商"的代表。传统电商模式以买卖交易为主要行为与目标，顾客上这些平台目的简单明了：购物、完成交易、收货、评价。而后三者被视为"社交电商"的代表，顾客是边"娱乐""社交"的同时，看到好看的再去购物。这其中，又以抖音定义自己为"兴趣电商"为代表——顾客在享受感兴趣的内容的同时，发现了好物随后进行了购买。拼多多也是典型的"社交"模式典范。早期通过低价、优惠券让顾客邀请周围的人参加"裂变"活动，快速收获了第一批巨大流量。因此，后三者的电商形式主要通过直播、短视频卖货。而前三者还是通过平面图文卖货为主。虽然主流平台都开通了视频与直播卖货功能，但从当下的影响力而言，抖音、快手、视频号的直播电商影响力相对较大。

另一个值得关注的电商类型则是跨境电商。跨境电商的建立方式主要有两种，第一种是通过第三方平台，目前最大的第三方跨境电商平台是亚马逊销售。第二种则是自己建独立网站，这其中又有两种，一种是借助SHOPIFY这样的专业平台服务，搭建自己的独立网站，SHOPIFY为跨境电商提供专门服务，用户不需要有太多的IT背景便可以自己搭建网站；另一种就是自己独立开发网站，这种耗资比较久，需要相关IT技术背景。

本章将重点概括零售实体店。传统电商（纯粹交易）性质的都在转社交电商，所以社交电商将分别在后面章节呈现。

四、D2C（Direct to Consumer，直接触达消费者模式）

D2C也是最近这几年比较火热的新词，本质上它也是上述所谈的"零售"，但它又不同于我们传统所谈的"零售"。D2C直译就是"直接触达消费者"的商业模式。如前所说，传统的品牌公司是通过经销商来做零售的，他们自己并不直接面对消费者。传统业内讨论的零售也不包括电商，虽然电商本质上也是零售的一种形式。D2C包括了直营店与电商（阿里巴巴、淘宝、京东等电商平台）及一切直接面对消费者的渠道（包括小程序、APP、社群销售、跨境电商等）（图6-2）。

图6-2 D2C涉及的渠道

D2C对于品牌方来说，能够以最直接的方式触达顾客并及时满足顾客需求。而对于顾客来说，直接与品牌方接触也能增加产品的可靠度与信任度，获得来自品牌方直接服务。

D2C模式是品牌运营的大势所趋。原因是：

（1）消费者市场竞争激烈的结果。如果品牌希望为顾客提供及时、高效、便利的服务，则D2C是被需要的模式。

（2）数字化技术的发展使得高效运营D2C模式成为可能。

不过，D2C模式并非没有缺点。D2C模式最大的挑战在于其对品牌方的资金要求及运营能力要求比较高，所以目前主要是大型企业在做这方面转型，中小企业多为观望或者质疑态度。另外，D2C可能最快能普的赛道是跨境电商。

那么，如果D2C成为一种主流，已经支撑国内市场发展近30多年的经销商模式又将走向哪里呢？

（1）就整体趋势而言，中间商模式——批发商、经销商模式江河日下是必然的。因为环节的增加会拖延品牌方对顾客反应的响应时间与效率；而数智化的发展，会解决原本不得不用经销商来解决的问题，比如从一级市场走向更下沉的三四线城市。

（2）但是，实体店经销商体系肯定不会快速没落，甚至在国内大概率并不会消失。原因主要有两点：国内的鞋服行业是以中小企业为主的行业，大部分中小企业在做D2C方面，无论是资金还是资源方面都尚不具备这样的实力做100%的D2C模式；其次，中国市场太大，即使电商可以覆盖到更偏远的下沉市场，这也不代表实体店就不被需要。经销商模式在下沉市场依然是有存在的必要性。

五、单渠道、多渠道、全渠道

我们早期的零售渠道是非常单一的，比如，除了一些街边小店，就只有大型百货商场可以购物。这类单一的渠道被称为"单渠道"。"多渠道"的含义则包括D2C模式中所涉及的所有渠道。"全渠道"与"多渠道"之间最主要的区别是渠道与渠道之间的关系。多渠道模式，渠道与渠道之间的关系多为彼此独立，彼此不干涉。比如A渠道的库存与B渠道的库存不共享，两者的库存系统也是彼此独立的，两者甚至商品系统也是有所区分的，这点尤其在线上与线下渠道更为明显。

即使其背后的人力组织也多为两个独立团队，谁也不向谁汇报。而全渠道，从前端看依然是多渠道形式，但在其背后，是数据共享，团队共享，运营方面则是无缝衔接。

第二节　传统零售渠道的基本运营模式

一、传统零售渠道概况 [1]

（一）百货商场、购物中心、街边店

很多人不知道百货商场与购物中心的区别。从外部来看，它们好像都是一栋商场楼，里面都是一排排店铺。其实，它们无论在外在形式、内部运营模式，还是合作模式上都有比较大的差异。

1. 收银

百货商场采用的是中央收银制。大家可以回想一下逛店时，如果在百货商场，你不是直接在卖货柜台付款。卖货柜台只是提供一张订单单据给你，顾客去统一的收银台付款，随后拿着付款收据去卖货柜台拿商品。在购物中心，则在哪家店铺买货，就哪里付款，没有中央收银台的概念。

2. 店铺形式

百货商场的店铺是专柜形式，即三面墙与开放式门面（一般用卷帘门）。购物中心是店中店形式，独立店铺，四面可封闭（一般玻璃门）。

3. 合作模式

百货商场与商家签的合同是"联营合同"，就是"联合经营"的意思。这种模式根据销售业绩提成（业内称为"扣点"），比如25%或者30%。这个提成的比例，根据不同的楼层、不同的位置、不同的品牌范围相差很大。比如，一楼一般都是化妆品、珠宝、鞋子等，一般应该是一线品牌。一楼的位置最好，理论上来说"扣点"应该最高。但因为它都是商场特别邀请入驻的品牌，因此其实它们的"扣

---

[1] 本节部分内容曾出现在作者的《时装买手实用手册》（第3版）（中国纺织出版社有限公司）。

点"可能是全楼层最低的。并且有的时候商场为了吸引好品牌进驻，可能会给商家补贴装修费或者其他费用。另外，合同上的"扣点"只是一个理论数据。事实上，平时商场做各种活动的费用最终都会要求商家分担。这些费用最终也会从商家的销售收入里扣除。现在，商场也大多要求保底数。意思就是无论店铺是否达到某个销售目标，都要按这个最低销售目标支付"扣点"费用。

因此，商场对商家的日常运营涉及会很多，如货品管理、上新货、员工管理等。

购物中心一般是租金制。虽然理论上也会有"二者取其高"之说，意思就是如果店铺销售收入的提成高过固定租金，则需要按提成方式支付购物中心更高租金。但这个需要购物中心能够实时掌握商家的实际销售。实际上如果数据不联网，购物中心很难掌握商家真实的数据。

我们国内的百货商场与欧美市场的百货商场运营机制不太一样。国外的百货商场是完整的零售商——他们从供货商（品牌方）那里采买商品，并在自己的商场销售。从货品到终端导购的管理，都由商场自己完全管理。所以国外的百货商场是"采买制"，通常与买手或者商品部对接。而中国的百货商场是一个半零售半地产商（二房东，他们从大房东那里承租商场大楼，一般租期都在10~20年）的角色。国内面对品牌方的是"招商部"，招商只是把品牌招进来，但品牌的日常运营，无论是导购还是商品，均由品牌自己主要负责。如果品牌是通过经销商销售的，那么程序会更复杂。经销商在某家商场开店，既要获得品牌方的授权，也要得到商场的同意。

4. 回款方式

因为两者的合作方式不同，所以两者的回款方式也不一样。百货商场模式，顾客的钱首先进入百货商场的收银系统，再由百货商场在特定周期"回款"给商家。这个回款周期虽然理论上是45~60天，但事实上可以长达3~6个月，有的甚至更长。有的商家就是被百货商场这种回款模式拖垮的。比如，2月的销售货款，按合同，商场3月15号之前把2月1号到28号或29号的账单给商家确认。商场会规定一个时间，比如一周之内给他们确认账单是否正确。如果商家不在规定时间之内反馈，商场就会默认为是正确的，然后就要等品牌方给商场开发票，发票也必须在规定的时间内提供。即使商家发票3月开给了商场，商场会在收到发票之后的×天内支付货款，比如30天。这样2月的货款，最早4月商家可以拿到回款。

而这个只是基于合同的理论时间，事实上百货商场回款是非常慢的，3~6个月属于普遍现象。百货商场也常用这样的方式"管理"商家。如果商家未遵从百货相关规定，则就会被扣钱。但这也不是绝对的。本质要看甲乙双方谁更强势。大部分情况下百货商场是强势的，但是百货商场碰到比自己更强势的知名品牌，比如奢侈品或其他一线品牌，可能也就只能妥协了。

购物中心相对来说，财务关系简单很多。商家每月固定时间向购物中心缴纳租金即可。基本只存在商家向购物中心拖欠租金的问题，但很少存在购物中心拖欠商家什么费用的问题。

5. 管理

商场对店铺有统一的管理，它相对会减少商家公司对零售店铺的管理负担，这个是百货商场相对来说的一个好处。当然，这种管理有时也是一种"干涉"。但大多数时候"干涉"都是为了更好的业绩。只是这种干涉多少会涉及强制——不然可能商家的回款会更慢了。购物中心对店铺的优势是店铺的独立经营性比较强。

6. 体验感

百货商场的劣势也是比较明显的。大家也看到了，现在愿意逛百货商场的人远不如从前。除了因为竞争者多了，也因为百货商场的空间大多拥挤，很难让人有良好的体验感。这是因为百货商场非常强调"坪效"，为了充分利用好所有的空间。以至于它纯粹就是一个卖货的大卖场。而现在如果大家目的只是为了买卖货品的话，这一点在线上完全可以完成。

而"体验感"也正是当下购物中心努力经营的"卖点"。购物中心也正在逐步脱离"卖货"的功能，逐步成为为消费者提供生活体验的场所，比如增添朋友聚餐、家庭娱乐、艺术展览、沙龙教育等功能。这里最为经典的则是北京SKP商场。借助艺术与科技，以及品牌独家设计的力量打造了独一无二的"沉浸式商业体验空间"。也正是借助这些独特的运营策略让SKP在2021年成为全国销售收入最高的商场❶。

就街铺店来说，对于品牌而言，店铺形态并没有太大差异。只是商场对店铺有统一的管理，比如，如果店员迟到了，购物中心会至少提供警告信息，街铺店

---

❶ 陈奇锐. 240亿！北京SKP奢侈品年销售额再创新纪录，界面新闻，2020[2022-8-31].

就要靠商家自己的监督了。街铺店最大的好处是：商家享有充分的自由管理权。但是代价是运营成本与管理成本都很高，并且当下人们更愿意逛体验内容更多的购物中心。所以一般只有大品牌公司拿街边店做旗舰店。

（二）沙龙秀

沙龙秀来自西方的设计师品牌做法。沙龙秀的意思即以沙龙的形式举办秀，服装产品也可以即看即卖。沙龙秀通常在一个小型的有艺术感的空间，可以配些香槟、小吃。取决于预算，衣服可以以挂杆形式呈现，邀请VIP客人来试衣服。设计师可以介绍品牌与产品。一些海外设计师没有自己的实体店铺。他们只是每一年"四大"时装周期间，在四个城市出差，轮流做路演。在每个地方租一周的艺术感比较强的空间，邀请VIP顾客去。一般也就一年两季。

设计师们也可以通过PR公关公司邀请客人。除了面对C端客人外，也可以面对B端的企业客户代表，比如买手、采购。所以这是一个融合了宣传、顾客与企业客户的销售形式。成本投入也不大，通常费用包括短期空间租赁、茶点、服装样衣，邀请客人可能涉及给PR公关代理的一些费用等。

（三）快闪店

快闪店是一种短期运营店铺，通常建在商场内部，或者其他场地，如游艇、画廊等。这种店铺租期可以在1~6个月。非常适合新品牌或者新产品做市场测试用，或者做些临时性促销活动等。

（四）品牌集合店

品牌集合店是一种多品牌形式，当下流行的"买手店"也是其中一种品牌集合店。品牌集合店通常以零售商作为品牌（而不是产品品牌）。消费者是因为认可零售商品牌，而愿意逛店。目前，主要是设计师品牌与体育运动品牌采取品牌集合店形式比较多。

（五）折扣店、奥特莱斯店、工厂店

这类店铺在运营模式上大多同购物中心模式，但是在形态上则面积更大，通

常十多万平方米，并且地处相对郊区位置，也因此对品牌方来说费用相对在市区的购物中心低。在商品价格上多以低价、折扣价吸引顾客。早期奥莱主要以库存（过季）产品来吸引顾客，但今天，仅仅靠低价也很难吸引顾客，因为网上总有更便宜的价格。因此，有的品牌会专门做"奥莱专供款"产品，包括一些高端品牌也会为这些渠道设计些价格更为实惠的产品。并且奥莱作为一个业态，和许多购物中心一样，更加强调体验感，且因为占地面积大，体验内容更为丰富，甚至可以经常在户外组织大型文娱活动来吸引顾客。通过丰富的活动，满足全家的衣食娱乐的产品与服务、巨大的空间（足够时间逛一天）等来吸引顾客。

（六）品牌官网

到目前为止，国内品牌官网做销售成功的案例，几乎很少。绝大部分企业的官网主要用于品牌形象展示，但是它在产生销售业绩上并没有太多的可圈可点之处。

其中的原因可能有：国内诸如阿里巴巴、京东平台的影响力更大；官网运营缺少流量；很多人买东西是靠搜索，不一定有明确的品牌目标。

但少数情况下，可能也会使用官网。对于消费者而言，官网最大的好处是出处可靠，当然这也仅局限于知名企业。品牌官网相当于一个品牌专卖店，而淘宝天猫这些平台，还有一些多品牌运营的平台，比如发发奇（FARFETCH）、有货等，对用户来说相当于一个线上百货商场的概念。顾客可以有更多的选择。而从企业角度而言，获取流量的成本又太高，但是业绩规模又不足够大，所以官网能产生的销售影响力就极其有限了。

二、品牌如何与渠道展开合作

从品牌端而言，要想去这些渠道拓展新店，第一步就是通过"商务拓展（BD，Business Development）"部门来完成的。BD首先要找到商场的"招商部"。如果是市场上一线商场，而你的品牌实力一般，且又不认识任何人，那么第一步首先是要想方设法敲开招商部的大门。即使现在有了微信，重要的商务合作依然少不了登门拜访的环节。

与招商部沟通的一般流程就是提供品牌资料，与招商部洽谈商务合作条件，主要包括：

（一）商场位置和面积

对于实体店，位置几乎决定了店铺业绩的一半命运。因此，谈判一个好位置往往是甲乙双方都会关注的重点。面积大小当然也很重要，它决定了品牌形象的好坏。

（二）开业时间

具体开业时间，一般不可延期。

（三）装修期

百货商场的装修期一般远少于购物中心。百货商场装修期一般以天计算，最短的可能要求一个晚上就装修完毕并开店；购物中心根据面积大小以及品牌级别通常可以长达数月。一方面是因为百货商场提供的店面积要小很多；另一方面也因为百货商场更在意坪效业绩。一般来说，商场都会提供免租期。

（四）业绩目标

每个月的业绩目标是多少，未达标将会怎样。这点对于百货商场来说要求更高。比如，很多商场会采取业绩排名制。连续数月（一般3~6个月）如果业绩排名末位，或者业绩未达标，则可能会被调到差位置甚至被剔出商场。这些主要发生在好商场但业绩不太好的品牌。

（五）费用

对于商场来说，这个主要包括联营扣点，以及其他杂费（比如营销推广费、店员制服费等）。购物中心相对而言费用比较单纯。主要是租金和一些可能商场统一执行的营销推广费。

（六）导购管理

大部分情况下，导购是由店铺自己招聘并管理的。但在百货商场，甲方（百货方）也会涉足导购管理（虽然甲方并不支付导购工资）。这个主要是为了统一商场的服务水准、店铺形象等。另外，大型商场是一个公共场所，甲方首先承担的是安全风险，所以他们也需要经常对导购进行安全及突发事件培训，比如遇到有人受伤、火灾、地震时的处理预案。因此，商场对导购进行统一的管理与培训也是应该的。

甲方恰当的管理（干预）对于乙方来说一定程度上降低了乙方的管理成本，毕竟乙方公司无法总是现场监督员工的表现。

（七）甲乙双方的博弈

和所有甲乙双方的关系一样，他们彼此间既需要亲密的合作，但又有着博弈关系。通常来说，国际一线品牌的话语权是最大的，特别是头部奢侈品公司。对于这类头部企业，商场甚至会以"倒贴"方式来赢得合作机会。包括：

（1）为店铺提供装修与道具补贴，甚至完全由商场方出钱来装修并提供道具费用。

（2）倒贴销售补贴。只要大品牌愿意入驻，如果达不到甲方承诺的业绩，由甲方出钱补完所欠缺的业绩。

（3）完全由甲方来运营店铺，只需要品牌方授权，并向品牌方承诺最低销售额（也就是最低采买金额）。这种多发生在非一线城市的商场。

（4）其他可能品牌方的要求。

如果乙方的话语权不属于绝对强势，大概率都会遭遇"打包"租赁合同。也就是连锁商场承诺一个好店铺的好位置给乙方，乙方需要去该连锁商场的新店铺开店。用一个好店铺带动一个新店铺或者弱势店铺的招商也是业内惯用的拓展方式。

三、传统渠道转型方式

传统渠道正在从"卖货"转向"体验"，从"传统"转向"数字化"。

（一）体验感之艺术感

艺术曾经只是局限在专业领域的小圈子文化。今天，随着消费者对体验感的追求，艺术与商业结合的案例越来越多。无论是现在的商场装修风格，还是在商场安装的艺术装置，甚至呈现的艺术展览，都是艺术为商业增加的精神愉悦感。商场当下的体验感，相当一部分来自艺术的贡献。艺术不仅仅提高了人们的视觉享受，也包括听觉享受（如背景音乐）、触感（装修所用的材质），味觉（如化妆品、香氛的味道）等。也因此，艺术将在商业中扮演愈来愈重要的角色。

（二）科技感

科技，也是实体店提高公众体验感的一个表现。例如，上海南京东路上的NIKE001店铺就是充满科技感的店铺。步入这家店铺，科技感扑面而来。入门便是一根"跑道"，跑道与一大块电子屏幕链接，电子屏幕上是一串串数字。电子屏背后是一个连着四层楼的电梯。其对面是机器人机械臂，演示如何做鞋子。店铺屋顶上有传送带。

今天零售店铺的科技感不仅仅体现在视觉上，而且是实实在在的店铺运营上。首先是摄像头的普及。摄像头既可以用来统计客流，也可以用来观察消费者的购物过程，以及员工的工作状态，包括前面提到的RFID射频技术，为实体店也储藏了更多有效的数据。

（三）人文（服务）

如果说科技解决的是硬核问题（如效率），人文解决的就是"软性"问题，比如服务及与顾客之间的情感链接。这部分，当然主要由人员，也就是店铺导购（营业员、销售）完成。也因此本章节后面会专门分享销售（导购）在今日零售所扮演的重要角色。

（四）社交商业

现在几乎是一个"全民社交"时代。商场也都忙着做私域管理，开直播。因此，本书后面的章节也会继续探讨这个部分。

（五）未来的零售店铺：体验、教育、社交

未来的零售店铺，在体验方面，会更注重体验感、教育与社交功能。

比如，商场将像一个博物馆，产品的呈现更多是为了教育产品背后的故事，或者如何恰当使用产品的说明，而不仅仅是卖货。以体育产品为例。未来，顾客只需要通过电子屏的介绍，或者扫产品吊牌上的二维码即可了解更多的产品信息。无论是展览说明，还是沙龙，一定意义上都是在做"教育"普及，比如美学普及、生活方式普及等。

虽然此处主要谈及的是实体店的体验感，其实电商的体验感也在改变。特别是随着沉浸式体验普及，AR、VR眼镜普及后，那么线上体验感也不会比线下实体店铺逊色。线上线下界限感消失才是未来。

第三节　传统品牌公司零售部门的组织架构与工作职能

一、零售部负责人（总监、VP）

（一）岗位主要职责

零售部门最主要的工作便是对"人、场、货"负责。人，这里指"顾客""场"指店铺、渠道，"货"则指"货品"。从工作目标而言，零售部最主要的目标便是为公司赢得顾客（交易），维护顾客关系，并保证场所人、货、场的安全（图6-3）。

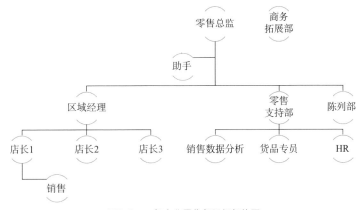

图6-3　一般企业零售部组织架构图

（二）关联岗位

零售部几乎会与所有部门有工作联系，其常有的沟通部门包括：

1. HR部门

（1）首先，相对于其他部门的人力资源管理，终端店铺人员的管理更为复杂，其复杂性主要在于人员的流动性较高，这种流动既包括了员工的入职、离职，也包括了因为需要，店铺之间员工的流动，比如将某员工从A店铺调入B店铺等。

（2）其次，其复杂性在于店铺人员的薪资都包括销售提成佣金的计算，这与每个月领取固定工资的方式不同。计算更为复杂。大型企业店铺员工数量可达数千甚至数万，有的会外包给第三方公司做统计。

（3）最后，终端人员管理的复杂性还在于其工作时间也不同于一般岗位工作时。以《中华人民共和国劳动法》来说，店铺销售人员通常是"综合工时制"，而办公室人员一般是"固定工作时"。综合工时制则具有一定的灵活性，主要根据商场营业时间来排班。因此，店铺人员还涉及排班问题，遇到特别情况还需要临时调班。

因此，在一些大型的多品牌集团公司，每个品牌有自己的HR部门同时，还会在零售部门专门另外再设立一个HR部门。这个HR部门专门服务于零售部。有赖于ERP信息系统以及数字化转型，大型公司的这些工作越来越依赖于技术的运营，不过这些工作依然很耗时耗力。

2. 财务

零售部与财务的关联主要在于终端店铺对账与其他日常财务工作沟通等。这也是一项比较耗时的工作。对账内容主要包括：

（1）销售额与费用明细对账。特别是与百货商场店铺对账，店长或者相关终端负责人要与公司财务、百货商场财务跟进具体的本店铺销售明细，其他可能涉及的费用缴纳（如促销费）。对于百货商场运营模式而言，最为复杂的是，虽然合同有标准的联营扣点，但每个月实际扣点因为商场经常组织各种促销活动而有所变化。所以对账非常耗时。虽然也有系统帮助，但也都是要靠人工去做最终确认的。

（2）货品盘点。货品也是店铺最重要的资产之一。严格来说，店铺每天在开店与闭店前，至少要盘点两次件数，以保证所销量与库存量是正确的。到了月底，都需要实物盘点一次。通常，根据货品价值的不同，店铺一般允许一定比例的损耗。产品价值越低，损耗率容忍度越大，比如可能在千分之一到三之间。产品价值越高，损耗率容忍度越低。比如昂贵的奢侈品丢失一件就是很大的损失了。损耗率以外的，通常会要求所有店员一起承担。因此，保管好货品也是终端店铺的重要工作。

（3）备用金。现在不太用现金交易，但是一般店铺也需要储备一定的现金，以备需要。备用金一般是从公司财务暂时借出，所以每个月也需要对账。

（三）晋升途径

如果一个人做到了零售总监，他（她）最终还能向哪里晋升呢？假如公司规模足够大，一般可以从品牌零售总监升向集团零售VP；或者从区域零售总监升向全国甚至亚太区零售总监。对于一般公司，零售总监也非常有可能最终成为品牌事业部总经理，统管整个品牌的所有相关业务。

（四）对人员要求

除了一般管理人员所应该具备的管理能力外，零售管理人员通常还需要具备以下能力：

（1）绝大部分的零售部负责人都是从终端店铺基层做起的。因为只有这样才能让他们更好地了解顾客与一线工作人员的工作状态，以及工作中可能存在的猫腻等。终端店铺的工作非常细致且烦琐，而且管理层不可能总是在现场监督员工作业，这就很容易导致些漏洞。比如，店员可能内外勾结，利用员工内部价优势购买产品后再倒卖给外部客人赚差价等。

（2）零售管理层自己也要擅长做销售与培训，这样也可以自己带教新人。

（3）一些大型公司对于做到总监级别的人会要求具有阅读财报的能力，且能够为自己的部门承担损益表责任（为部门盈利负责）。

（4）零售部是一个外向型工作，对外需要和房东（商场）联络；对内沟通部门也很多。性格外向，擅长沟通与人际关系对这个岗位也很重要。

（五）职业上常见痛点问题

对于零售部负责人，当下最大的痛点问题是如何在当下如此充满不确定性的环境下还能带团队努力达标。特别是2020—2022年期间，店铺时关时开，店铺销售人员情绪受波动非常大。

除此之外，日常工作的烦琐也是零售部通常的痛点问题。虽然很多部门工作都涉及烦琐，但相对于其他部门，零售部的工作可以说是相对最繁琐的。人员流动性频繁、货品容易缺失、与商场对账、顾客投诉等，无论是新店开张还是店铺日常运营，都涉及诸多繁琐的工作。而零售又是一个非常注重细节的地方，任何一个细节做不到位，可能都会演变成一场公共危机，毕竟这是一个面对顾客的场所。

二、销售人员

店铺的销售人员在不同企业称呼不同。主要的称呼包括：导购、营业员、店员、销售顾问等。通常来说，定位较为高端的店铺多用"销售顾问"来称呼销售。一个店铺的销售团队通常由3个主要角色完成：店长、店员及收银。大型店铺组织架构会更加复杂，比如配副店长、店助。销售还分初级、中级、资深销售等。

（一）岗位描述

（1）按照公司统一仪表要求按时到岗离岗。

（2）主要工作是做销售，努力达到业绩目标。

（3）保持店铺基本的整洁与卫生状况。

（4）保持店铺基本的陈列。所以每天下班后，轮班店员都要花费些时间重新上架补充货品、整理凌乱的货架、清点数量等。

（5）保证店铺资产不受损失，包括道具、货品，保证货品的完好与完整。

（6）与顾客维护好关系，并解决顾客投诉问题。

（7）接受公司定期或者不定期的培训。

（8）其他公司的要求。

（二）关联岗位

店员一般与企业内部其他部门直接接触的较少，比较常见的便是去公司接受培训。

（三）晋升途径

大企业对店员都有分级，如一级店员、二级店员等。也有普通店员—资深店员—店长助理—副店长—店长—区经—零售总监。根据不同资历逐级晋升。

（四）对人员要求

（1）一般做销售对人的形象与仪表都有一定的要求，至少做到长相端庄、良好的体型、性格较为亲和谦逊。

（2）销售一定要善于察言观色。能够根据来客的形象、仪表与言谈举止判断客人大概的背景与可能喜欢的产品风格，并适时向对方做恰当的推荐。

（3）销售的口头表达力也有一定的要求。但这里的口头表达力也不是一般人想的简单的"能说会道""能把好的说成坏的""把坏的说成好的"忽悠人的一套说法。做销售本质上还是要能真诚待客，才能做得长久，只是在沟通上更强调艺术性。

（4）熟悉品牌与产品。对本公司的品牌定位与产品信息能恰当运用在销售过程中。

（5）体力要好。店员都是站立服务的。一般一天至少要站满8小时，有的做一休一的则需要一天站满12小时。另外，店员还经常需要理货。新货到，或者调拨货品，都涉及搬箱子的工作。有些年轻人就是因为做店员太消耗体力而辞职的。现在很多店铺也开始让导购做直播。做直播的时候站着连着说几个小时的话，更消耗体力了。

（6）对于鞋服导购，导购还需要掌握一定的穿搭搭配知识。现在很多企业也加大了这方面培训，以便能更好地为客人服务。

（7）现在许多店铺都使用信息系统管理店铺，因此导购也与时俱进，需要掌握一定的APP、信息软件使用技能。

（8）对于一些高端品牌，比如奢侈品，还需要至少掌握一门外语。

（9）传统时代，店员大多是高中毕业学历，大专已经算高文凭了，但今天为了能更好地服务顾客，知名企业大多提高了对人才的学历要求。一流企业甚至连店员都是非海归不用，或者至少是国内一线本科。一定程度上，这也算是就业市场内卷的一种表现。

（五）职业上常见痛点问题

对于销售来说，最大的职业痛点问题便是自己的职业得不到普遍性的尊重与认可。很多人听到"导购""销售"，便认为是低级的职业——好像这是一个无能的人才会去做的工作。特别是很多人读了大学，通过校招进入大企业做管培生，目前几乎所有的鞋服企业都会要求应届毕业生或者管培生下店实习做导购1~6个月，这个时间段也是人员流失最高的时间段。因为许多年轻人觉得自己读了几年大学结果出来做看上去毫无门槛的销售，感觉很没面子。

究其背后的原因还是对销售岗位的认知。销售是一个低门槛进入但做好却很考量人的人品、技能与专业的职业。一个人一旦成为资深销售，是一个收入可以远超其他同类岗位的职业。比如，在奢侈品公司，销售月收入达数万元并不难，有的资深销售收入则可以高达十几万。即使在一般的公司，资深销售获得月收入1万~3万元也是普遍现象。有的服装公司资深销售可以高达百万年薪。因此，销售绝对不是一个没有技术含量的低级职业。

三、收银

虽然现在现金交易几乎很少见，但是收银岗位依然存在。不过长远来说，店铺应该不需要收银人员，只要通过手机自动扫码支付即可。

四、店长

店长总体就是负责整个店铺的人、货、场的管理。店长通常都是由优秀的店员成长起来的。中大型店铺店长的工作，不亚于一家中小型公司总经理的工作，其实是一个非常全面要求的岗位。也因此，在一些大型公司，比如ZARA将店长称之为"店总经理"，一些奢侈品公司则将店长称之为"迷你CEO"，可见店长对于一家店铺的重要性，称之为店铺的"灵魂"也不为过。一家店如果有一个优秀的店长，可以达到"事半功倍"的目标。因此各大公司都很珍惜优秀的店长。

店长除了负责整个店铺的人货场的正常运转，还需要：去公司定期开会，回来向同事们传达公司会议内容；优秀的店长可能会被要求参加订货会，拥有订货权。

五、区域经理

区域经理以地理区域为范畴负责其所在地区的所有店铺。但其本职工作是带队促进销售工作，对整个区域的人货场负责。因此，区域经理出差较多。他们大多也是由店销售一步步成长起来的。

六、商务拓展

商务拓展（Business Development，BD）负责新店拓展，一般不属于零售部，而是独立的部门。

（一）岗位描述

（1）拓展新店。具体工作包括选址、商务谈判、具体的店铺开张等事宜。
（2）老店更换位置或者闭店有的时候也需要拓展协助运作。

（二）关联岗位

BD主要就是要和各大商场招商部关联最多。对内则主要是财务部与人事部沟通。

（三）晋升途径

BD在整个零售业是一个非常特别的存在。其特别之处在于，几乎其他所有岗位都在经历数字化、信息化，唯独这个岗位还需要靠人力，特别是人际关系来开展工作。所以作为个人，BD最多大的核心竞争力在于他们的商业社交网络——与多少商场的招商部有着良好的关系。当然，一家公司是否能进入一线商场，取得什么样的位置，品牌自身的条件肯定不可忽略，但是一个优秀的BD因为人际关系，能够让甲乙双方的合作进展得更为顺利。

因此BD这个岗位的晋升一般也就是从执行层面升级到管理岗位。

（四）对人员要求

BD最主要的要求就是拥有广泛的人际网络。拓展过程中，请人喝酒吃饭应酬几乎难免。另外，拓展是一个高强度出差工作，对体力要求也很高，所以现实中主要以男性为主。

（五）职业上常见痛点问题

拓展的职业痛点主要还是在于其职业发展前景。因为这个职业重点依赖于人际关系，对体力要求又高，到一定年龄，就很难继续。这种难以继续，一方面是因为体力原因；另外一方面自己曾经建立的社交网络也会随着对方（商场招商部）合作方年龄的增长逐步退居二线，新人上来，关系网络就逐步被新人替代了。但这种职业本身又没有硬核技术。所以对于个人来说，及早拓展自己的知识与技能边界才是真。

七、视觉陈列（Visual Merchandising，VMD）

（一）岗位描述

视觉陈列在不同公司部门归属不太一样。有的公司视觉陈列是独立的部门；有的归属零售部门，因为它主要服务于零售部门；也有的归属商品（企划）部门等，因为从整体来说，视觉陈列的开端也起始于商品企划。

视觉陈列最主要就是充分利用视觉设计的手段，将店铺的商品通过主题设计、色彩组合、款式搭配，并借助各种陈列手段来吸引消费者购买商品。如果说，店铺里的员工是有声的销售人员，视觉陈列就是无声的销售手段。VMD的工作区间主要包括图6-4所示部分。

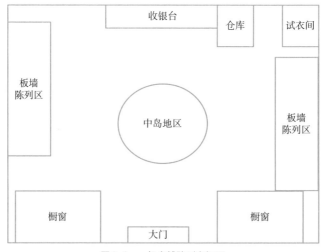

图6-4　一般店铺陈列空间图

（二）关联岗位

VMD关联最多的岗位对内主要是零售部与商品部，另外开新店时与店铺设计、装修部门接触也较多，对外则主要是道具供应商。

（三）对人员要求

（1）一般都需要有店铺陈列实操经验。知道如何做橱窗设计、道具摆放、产品陈列方式、空间利用。

（2）熟悉时尚类货品。

（3）熟悉VMD相关设计软件。

（4）了解时尚相关流行趋势。

（5）具备创新与动手能力。

（6）知道如何通过改善陈列来提高销售。

（四）职业痛点

VMD的陈列痛点主要有以下四点：

1. 跨国公司

对于国际一线品牌的VMD来说，他们的工作主要以执行为主，创意多由国外总部完成。也因此，作为执行层面很难发挥个人的创意能力。

2. 被重视程度

在一些公司，特别是对视觉陈列要求不那么高的中小型企业，VMD受重视的程度可能没有像产品部、销售部、供应链部那么重要，VMD常常被视为"支持性（辅助性）"部门。

3. 与销售的关系

在具体操作过程中，VMD的工作可能也会受到店铺销售人员的影响。通常店铺的陈列都会由VMD来执行，但VMD并不常驻店铺，当VMD离开店铺后，销售人员可能会擅自调整陈列，某些时候会让店铺失去了原本VMD的陈列效果。

4. 缺乏相关教育体系

欧美都有与VMD相关的高等教育学习，国内在这方面的系统性高等教育专业比较少，只是在服装设计专业会有相关课程。但教师也大多并无实操经验。因此这块主要靠培训市场完成，但培训市场鱼龙混杂也缺乏合理的知识体系。

 采访六 **许军：不同类型的零售商所扮演的角色有何不同？数字化对零售商又意味着什么？**

第四节　品牌公司零售业务转型挑战

一、经销商模式对数字化转型的障碍

中国市场地大人广，各地无论是商业文化还是消费文化差异很大，所以大多数的消费品牌都是以经销商模式为主拓展业务的。经销商曾经为各大品牌在全中国的发展立下汗马功劳，但是今天随着数字化转型，经销商模式已经难以适应新的行业需求。数字化转型有一个关键要点，就是打通数据流。举例来说：经销商模式下，产品的信息是这样流通的："品牌下单给工厂1000件——工厂交订单数量1000件——经销商从品牌方订货500件"，这段数据，都在品牌方这里。

当经销商订货后的零售数据，则都在经销商端口，品牌方并没有具体数据。比如，品牌方并不知道经销商具体截至某个时间点究竟卖掉了多少件衣服。这就导致每个合作方都拥有某个产品的某一段流程的数据，但是没有人拥有某个产品的完整数据链。

从技术手段而言，打通品牌方与经销商之间的数据链并不难，比如，要求经销商统一使用品牌方的信息系统软件即可。但是经销商可以拒绝使用，因为他们认为销售与顾客相关数据属于本方资产。而品牌公司也大概率不愿意把自己这一方的数据共享给经销商。就好像如果品牌方愿意把自己的所有数据共享给工厂供应商，才能完成真正意义上的数字化。

所以，数据化转型涉及一个基本的道理：拥有数据的每一方必须彼此充分信任，才能做到数据共享。数据共享，是数字化转型的重要基础。而目前，整个行

业在甲乙丙多方合作中，能做到彼此充分信任的还是极少数。除了知名品牌依靠强势的话语权可以做到这点，对于中小型企业来说，做到这点更考验品牌方企业主的个人品格与魅力了。

所以针对当下这个问题，在做转型的公司通常要么就以控股或者买断方式将经销商店铺转为直营店铺；要么就终止合作协议，或者找愿意能数据共享的经销商来替代等。在这个过程中也产生了很多法律纠纷。这也算是数字化转型过程中品牌方所付出的代价。

二、利益冲突

数字化转型过程中，表面是技术问题，但实际转型过程中还涉及各方利益的博弈。就拿直播来举例。直播也是数字化转型中一种具体的销售渠道。假如一家品牌直营店在商场里直播，它可能会触动几方利益：百货商场的利益，这个直播收入，其实可能没有一分钱收入来自百货商场的客源，但是确实是在商场的地盘上播，那么是否要按合同缴纳联合扣点佣金呢？在同一地区，可能还有经销商的店铺，你的直播价如果比经销商售价低了，经销商是否可以认为你触犯了他们的利益呢？等等。

即使在企业内部，也会同样地涉及各个不同部门之间的利益问题。但大家都在转型，寻求合作点。所以数字化转型并不仅仅是靠技术就可以解决的问题。它必须是从根本的利益机制上、组织架构上、人的思维上做到转型。

第五节 零售中的销售角色

本节的零售运营重点讲解实体店铺的运营，并不包括电商运营。因为电商运营更多取决于各大电商平台各自的算法与逻辑，需要运营者去根据各大平台的游戏规则制定恰当的运营策略。

随着销售场景的日益丰富以及科技的发展，店铺销售岗位的内涵也正在发生变化。一般销售岗位将逐步被机器人替代。在一些标准类产品的店铺，已经开始有机器人服务。而需要人做的销售岗位，最终将成长为"超级导购"。超级导购在本文中的定义是指那些"具备驾驭多场景、多产品销售能力的销售人员"。

一、多场景销售能力

目前实体店的导购基本只是在店铺做销售，但随着商业场景的多元化，一个优秀的销售也需要具备驾驭多场景销售的能力。这其中，学会做直播销售，就是一个例子。事实上，现在不少企业或者百货商场、购物中心的导购、店员、销售都在同步做直播。

同时，未来的导购还要能做上门销售。时间正变得越来越宝贵。为了给顾客提供更便利的服务，未来导购可以带着一个平板电脑，或者样品箱，上门为顾客推荐产品。

最后，超级导购也可以是一个陪购——陪同顾客购物。这个要求更高。销售不但要了解相关品牌产品特点、最新产品、优惠政策等，还要知道在哪里买什么，熟悉当地的市场。了解顾客的职业、生活方式与个人喜好，以便为顾客做好最恰当的推荐。

二、生活方式顾问

生活方式顾问是在超级导购的基础上，为顾客提供更多增值服务的人。这类生活方式顾问，可能会更多地出现在高端产品的销售中。比如，高端产品消费者工作可能很忙碌，但他们同时又很需要有一个品质生活，怎么办呢？就是花钱买专业的服务。比如，我一些金领族朋友工作很忙，但是又需要很好的衣服、配饰、珠宝，但自己没有时间去研究这些东西，怎么办？这个时候生活顾问就可以出场了。生活顾问根据顾客的职业、生活习性、个人形象、个人喜好，可以帮忙代购全套产品。

当然，做到一个顾客的生活方式顾问，两者的关系一定是非同寻常的。这当中，最基本的就是信任感——包括对人品以及专业的信任。对于客户来说，重点解决时间不够用但又需要好品质产品、服务的问题。对于销售而言，就是要做一个生活方式的解决方案给顾客。这与简单的买卖关系已经不一样了。

这类生活方式顾问还很少，但是有些企业（目前主要是奢侈品企业与高端商场）已经注意到了这点，并沿着这个方向培训员工。

案例二 PRADA 是如何提升顾客体验感的？

小结

1. 传统零售渠道主要包括：

百货商场；

购物中心；

街边店；

沙龙秀；

快闪店；

品牌集合店；

折扣店、奥特莱斯、工厂店；

品牌官网。

2. 品牌一般都通过 BD 与渠道展开合作的，甲乙双方需要就以下主要条款达成合作协议：

商场位置和面积；

开业时间；

装修期；

业绩目标；

费用；

导购管理；

其他。

3. 传统渠道在做以下主要转型：

艺术感；

科技感；

人文（服务）；

社交商业；

未来的零售店铺：体验、教育、社交。

4.传统品牌公司零售部门的组织架构与工作职能包括零售部、销售人员、收银、店长、区域经理、商务拓展、视觉陈列等。

5.品牌公司零售业务转型挑战：

经销商体系对数字化转型的障碍；

不同部门、利益方的利益冲突。

6.零售中的销售角色发展趋势：

从单一场景转向多场景的销售能力；

成为生活方式顾问。

练 习

1.如果你自己创业开店，你将如何为自己选址？为什么会这样做？

2.请尝试去店铺站店做销售至少1天，并写下你的站店感受。

第七章 私域销售

第一节 定义、概念与理论

一、私域、公域、全域

相对于实体店喜欢用的"渠道"一词,"私域"开始逐步成为主流后,业内又开始用"域"来表述社交型电商"渠道"。"公域"与"私域"的区分主要取决于流量最终属于"公共平台"还是"私人(企业、品牌、个人)"。

(一)公域

"公域",即流量属于公共平台的"域",内容发布也大多是公开可见的。如图7-1所示都属于"公域"。

图7-1 公域平台

首先，虽然在这些平台上，博主都拥有一定量的"粉丝"，但这不代表这些粉丝都属于该博主。比如某博主有100万粉丝，并不代表这100万粉丝都会看到博主每天发的内容。事实上，真正看到的粉丝数量也许只有几百或者几千人。现在各大平台都已发展到流量见顶的时代，因此为了将现有存量流量分配给不同的用户并依然能吸引新人不断加入，平台就需要建立一个相对公正的运营机制，既能维护老用户，也能为新用户提供发展机会。也因此，在流量分配算法上（抢流量）就竞争更加激烈。

其次，上述平台上另外存在的一个风险便是被禁言或者封号，这些基本都是因为有严重违规或者违法行为。但由于各大平台规则是动态且繁复的，现实中不是每个运营者都会非常细致地了解规则，因此也会出现运营者疏忽而导致被封号的现象。这一定程度上造成了用户的不安全心理感。

最后，各大平台现在都在建立自己的"闭环"生态链，也就是希望用户从搜索商品到交易都在本平台上完成，而不是仅仅将本平台视为"流量"入口，但最后的交易却是在其他平台上完成的。对于平台来说，平台希望商家和顾客越来越依赖于平台；而对于商家来说，商家并不希望过度依赖于任何平台。

也正是在这些背景下，私域变得更为重要了。

（二）私域

"私域"主要包括如图7-2所示的"渠道"，它是主要以微信生态链为主的"域"。

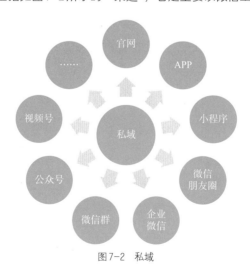

图7-2 私域

相对于"公域"，私域有两个特征：

（1）空间相对比较私密、直接，更便于商家与顾客间的联络。

（2）相对于公域的流量被平台主导，私域里的流量可以说100%都属于商家，令商家的安全感更强，但这只是一个相对"安全"概念。即使在这些私域领域，如果商家做了任何违法违规行为，依然可以遭遇禁言、封号、封群的结果。

总之无论是在公域还是在私域，遵守平台规则及国家法律已是最基本的运营理念。

（三）全域

各个利益方对"全域"的定义都不全然相同。比如，对于平台而言，每个平台都希望自己独自能构建一个从流量入口到销售终端的封闭生态圈，这个封闭生态圈就是自己平台的"全域"。在这个全域里，平台为用户提供了搜索、视频、直播、图文甚至私域群等各种形式的内容来转化销售。而对于品牌方而言，特别是有实体店铺的，他们更期待如何能真正让线下店铺与线上各渠道，无论是公域还是私域相互之间打通数据壁垒，能将顾客在后台装入一个流量池，随后依据顾客画像、消费习性来做精准推荐与引导消费，这更像是理想化的"全域"概念，也就是一个真正融合了线上线下场景的渠道管理模式。理论上来说，全域也都应该是D2C模式。不过，事实上目前做到线上线下渠道完全融合（共享商品、数据系统、用户数据等）的鞋服企业案例，我个人还没听说过。只能说大家都还在转型与摸索的过程中。但如果能真正做到上述的品牌方期待的"全域"管理，那么才是真正做到了"以用户（消费者）为中心"的模式。

第二节　主流社交平台简介[1]

当下的主流社交平台，按照内容来分，可分为以下体裁：中长视频、短视频、长图文、音频与短图文等。

---

[1] 各社交平台规则经常发生变动，本章只是总结了各平台的主要特色，具体规则请以平台最新发布为准。

一、中长视频（5分钟以上的视频）

代表平台：B站。

对品牌而言，品牌传播为主。

优点：可承载内容体量更大。

劣势：没有像短视频那么容易得到传播。

适合产品：知识类产品（鞋服企业可以用来培训用户造型、穿搭内容来传播及收获流量）。

适合目标顾客：1980年后出生的人群。

二、长图文

代表平台：微信公众号（订阅号、服务号）。

对品牌而言，传播+图文带货销售。

优点：便于朋友圈分享阅读。

劣势：随着短视频的兴起，总体打开率与阅读量都在下降。

适合产品：各类产品都比较适合，只是需要不同的内容与运营策略。

适合目标顾客：取决于公众号自身定位。

三、音频

代表平台：喜马拉雅、蜻蜓FM、阿基米德、荔枝等。

对品牌而言，品牌传播。

优点：非常适合开车族与通勤上班族。

劣势：目前除了部分的名人知识付费外，能产生带货销售的成功案例不多。

适合产品：知识类（鞋服企业可以用来培训用户造型、穿搭内容来传播及收获流量）。

适合目标顾客：开车族、上班族。

四、短图文

代表平台：微博、小红书。

对品牌而言，传播+图文带货销售。

优点：对内容创作要求相对公众号长文模式门槛较低，传播更轻便（虽然现在微博与小红书都可以创作长图文）。

劣势：流量难以获取，销售转化相对其他平台不高。

适合产品：各类产品。

适合目标顾客：微博适合所有用户，而小红书更适合相对中高端产品。

五、问答模式

代表平台：知乎。

对品牌而言，传播+问答带货销售。

优点：依靠知识模式传播品牌，比较适合强调文化属性的产品。

劣势：带货并非知乎的基因。

适合产品：知识属性较强的产品，比如美妆、功能性服饰等。

适合目标顾客：知识与文化属性较强的群体。

六、短视频与直播

短视频与直播现在正在风口，主要以抖音、快手与微信视频号为代表。

公域的运营更取决于各个平台的运营规则，这些在官方平台都可以找到，并且由于主要公域平台流量见顶，因此更多企业转向私域运营。故本章将更聚焦于私域运营。

 案例三 我是如何建立了一个已运营多年的社群？

第三节 企业的私域运营从"朋友圈"开始

若要谈到微信私域运营，必然离不开微信朋友圈的建设。

一、重新认识朋友圈

各位读者不妨打开下自己的朋友圈，看下自己微信的背景图设置是怎样的？

每个人对朋友圈的定义不一样。有的将朋友圈视为纯粹私人场所，无论是个人生活、个人观点都晒在朋友圈；有的则将朋友圈视为"卖场"，天天卖货；也有的则不晒朋友圈，也不看朋友圈，在朋友圈"与世隔绝"。

朋友圈的存在，对于企业与职场人士究竟意味着什么呢？其实它是个人树立职场形象、企业树立品牌形象的场所。企业若能让每个员工都接受这样的理念，那么将是对企业与员工个人都皆大欢喜的事情。

对于个人而言，微信替代了我们原本的名片功能。新朋友认识基本都直接加微信了，所以朋友圈是一个让新朋友认识自己的机会。即使对于老朋友，朋友圈也是一个让他人了解自己工作进展的场所。而我们设立职场名片的目的，就是希望当对方有相关需求的时候，能够立刻想到我们或许就是那个能帮他（她）解决问题的人。

但现实生活中，很多人把朋友圈当作纯粹的私人场所：随意表达、毫无章法，私事、公事、社会可能都涉及。又或者干脆就把朋友圈当作卖场，每天卖货。而一个以树立职场形象为目的的朋友圈，应该是怎样的呢？

（一）案例

1.形象设计师

这个形象设计师在我的朋友圈，其账户背景图是一张代表品牌形象的图片及一句广告语。其群昵称设置是：（某）形象设计公司的（某，姓名）。她用一句话来介绍自己的职业即何为"形象管理"："形象管理，就是印象管理"。这句话也许不是她的原创，但是这句话确实简明扼要让人理解她的职业。

该案例每天发的内容也很有策略：

（1）每天大概3~6条内容。比一般人发得频繁，但比纯粹在朋友圈卖货的少多了。

（2）因为是做形象管理的，所以其发布内容以美图为多，文字为辅，较符合其职业特征。这些美图多以穿搭、护肤为主。

（3）因为形象设计顾客主要面对女性，所以该案例也会经常发送一些与女性相关的主题话题。比如女性该如何平衡职场与家庭？亲子活动等。

（4）每一两天会插入自己的培训课程一两条，但写得都很家常。比如："今天去参加了（某）形象培训课程，学习到了（某）方面的知识"等。

2. 美妆护肤品牌CEO

林清轩创始人孙来春先生是我认识的人中最懂社交媒体营销的CEO及"70后"。对比大多数人的朋友圈账户设置，群昵称大约都是符号或者网名，头像可能是花草树木甚至动物，有的也会放孩子的照片；基本上陌生人之间加友后，单单看朋友圈，你很难认识这个人究竟是谁？是做什么的？是怎样的一个人？

我在做培训时，曾有企业主问，一家传统的公司，如何才能做好现在的新（社交）媒体？他们现在碰到的问题是，老板自己没时间做，员工做好像总是抓不住品牌的精华，他们也不知道到底发些什么内容？最终只能从外面找素材东拼西凑。我的回答是，对于新事物，最有效的方法是老板自己带头做。特别是中小企业，品牌的精髓与文化只有创始人自己最清楚，自己带头做，才能把这事做好。

而我周围很多的企业主朋友，特别是"70后"，依然认为将时间花费在朋友圈就是浪费时间，原因就是没有定位清晰朋友圈究竟是做什么用的？而孙来春先生在自己的朋友圈发的内容，虽然也大多与自己品牌相关，但看起来绝不会令人生厌。作为读者，只是感觉他在分享每天自己的工作日常，比如，2020年期间他所经历的焦虑；数字化转型后获得的喜悦；今天去了哪里参加了什么活动，或者收到某个顾客的感谢信等。其口吻就像在和一个老朋友唠嗑，很轻松，很日常。我们也都从朋友圈了解了彼此的现状与进展。这个就是朋友圈的意义——它其实应该是一个让朋友认识你、了解你的场所。

（二）究竟使用企业微信还是员工私人微信？

在建立企业私域时，究竟应该使用企业微信还是员工私人微信？两者的优缺点都显而易见。对于企业而言，使用企业微信不必担心因为员工离职而导致的顾客流失，并且企业微信能提供更为完善的数据分析及高效管理社群的工具。对于顾客来说，通过企业微信得以知道沟通对象隶属哪家企业，更为安全与可靠。但是企业微信的缺点也显而易见，企业微信看不到顾客的朋友圈，对于顾客来说更像机器人运营。

而私人微信最大的优点便是能让顾客感受到情感链接，而不是面对一个企业销售或者客服。但是私人微信容易随着员工的流失而流失。

大部分专注做私域的社群也正在转向企业微信，特别是大型企业。为了兼顾机器与人的区别，可以允许员工在发送企业微信朋友圈发送公司统一安排的内容时带上个人情绪与话术，让内容看上去不那么机械与官方。

二、充分利用好朋友圈的"标签词"和"备注"栏

微信上的"标签词"和"备注"栏对私域运营是非常重要的。这些都是未来做数据分析、私域运营需要做好的基本工作。

（一）备注

大部分人加友，用的是微信"昵称"。这个昵称，大部分人用的是网名或者符号，所以基本上是没有辨识度的。因此，陌生人加友后，都可以请对方做个简单自我介绍。或者如果是导购在店铺加顾客，那么可以问清楚对方称呼和大致背景。比如，我一般加友后，都会通过简短沟通后，在备注上加注其"名字—城市—职业"。

（二）标签

标签，是最重要的私域运营基础，即给顾客打标签。至于标签要打哪些，则完全根据企业目标与营销需求。理论上，越大的公司，标签词越多。一些上千万用户数量级别的公司，其标签词可能高达5000乃至上万个。这些都基本要借助专业工具来做了。

对于大多数的中小型公司，可以手动打标签，并对顾客进行分类。比如，对于一般服装企业，可以考虑对客户进行以下标签词分类：性别、年龄、职业、消费习性、顾客生命周期（新客户、老客户）等。消费习性又可以细分为购买金额、频次、消费者决策类型、偏好风格等。

标签词对商家最有意义的部分在于能够让企业针对不同标签词顾客进行精准营销。这远比商家频繁向所有顾客推送消息有效率得多。

"描述"栏可以加注些顾客个人情况，比如身高、体重，可能特别的喜好，或者性格等。一般针对VIP顾客也可以在这里做些更详细的描述。

第四节 社群运营

一、何为社群？为何要做社群？

这里的社群主要指的是由微信搭建起来的社群。社群可能是未来5~10年又一个将具有巨大爆发力的销售渠道。即使现在许多企业已经意识到社群的重要性，但是在实际运营上还面临许多具体困难。就总体而言，到目前为止，社群营销也还只是在初步发展阶段，依然有许多企业与个人还没有意识到社群强大的潜力。在我看来，社群运营的威力还远远没有释放出来。

二、社群分类

当下主流的社群主要分为几类:

（1）销售群（卖货群），这可能是当下最多的一类社群。到目前为止比较经典的案例便是在5年内完成从融资到上市的完美日记，虽然他们自上市后就被批评其畸形的营销占比[1]，但他们是一家几乎靠社群私域流量起家的新晋消费品牌，每天在社群里发券或者促销活动等，但当下销售群最大的问题是可持续发展问题。这也将是我们下部分重点讨论的内容。

（2）资源共享型的社群。比如媒体群、PR群、HR群，网红互推群。这些都是为了提供资源匹配，或者相互带流量的社群。他们的优点是目的清晰，但因为没有门槛，所以成员鱼龙混杂，可靠性与真实性需要靠自己辨识。鞋服企业也可以充分利用这种资源群来拓展自己的客群与销售渠道。

（3）课程群（知识付费）。比如樊登读书会、吴晓波频道都有自己的社群，这些基本以分享知识、内容、活动为主。听上去似乎与鞋服业没什么关系，但其实课程群也是一个鞋服企业可以利用开展顾客服务的渠道，比如为顾客提供专业的鞋服产品或者穿搭培训。

---

[1] 贺向军，刘钦文．完美日记赴美IPO：营销费用占比超六成、研发投入不足1%遭质疑，新华融媒看财经，2020[2022-8-15].

三、如何启动一个销售型社群?

(一)启动与拉新

对于一家成熟的品牌公司,启动一个社群还是比较容易的。因为大多数企业都有自己的会员顾客,只需要激活这些客户,邀请他们入群即可。

如果是一个新品牌启动,希望通过社群来运营自己的业务,那么,首先品牌需要获得第一批种子用户。资金实力较为强大的企业可以通过与KOL、明星、博主合作来迅速获得第一批种子用户,就好像完美日记做的那样。事实上,很多新晋消费品品牌大多都采用了这一策略。但这一策略最大的门槛便是需要付出昂贵的营销开支,不适合一般中小企业。

对于一般的中小企业甚至创业者,种子用户一般来源如下:

(1)从朋友圈并请朋友邀请朋友加入。

(2)其次是通过群资源互换。比如服装群可以与母婴群、旅游群、读书群、文艺群或者食品群进行互换资源。

(3)最后也可以通过红包进行裂变,比如,拉进来多少人给多少钱。

(二)启动社群时要思考的问题

1. 用品牌思维而非卖货思维做社群

虽然做销售是企业的最终目的,但社群销售并非以"卖货"的手段做销售。

2. 保持探索的精神

现实中,有的企业思考时间比行动多,以至于迟迟没有开始;有的则没有思考便开始行动。对于新项目,思考和行动都很重要。但若论两者谁更重要,对于新项目,起初行动比思考更为重要。定位、策略、战术,在开始的时候只要有大致的思考即可。真正做的时候,就需要边探索边调整了。保持探索精神非常重要,也因此,勇于接受因为探索而带来的失败的勇气也很重要。

3. 是来者不拒还是有所选择?

在用户选择上,是预备来者不拒,还是有所选择?绝大部分社群选择了"来者不拒",而这也恰恰是很多社群无法长期生存的原因——有谁会珍惜毫无门槛就可加入的社群呢?特别是虽然很多群有所谓的群规,但是即使有人违规,最多只是口头提醒，却毫无措施。以至于最后群规成为摆设，群里的内容被这些违规者弄得乌七八糟。

4. 社群能够为用户带来什么价值？

如果是服装品牌公司的社群，有很多品牌卖衣服，顾客为什么要买你们公司的衣服？可以买衣服的渠道也很多，顾客为什么非要在你的社群消费？

5. 群一开始就要有活跃度，超过100人就要用心维护

一个群建立后，第一天开始就要有活跃度，并保持恰当的活跃。超过100人就要花心思经营了，否则群很容易陷入沉寂，或者变成段子群、广告群，久而久之，就没人再在乎这个群了。

四、社群运营策略

如前所述，社群运营最大的挑战是：如何能让社群数年如一日地保持一定的活跃度？而不是活跃几个月后就销声匿迹了。因此，社群运营同样需要策略。

（一）人格化品牌、高效运营、规则意识

这些内容在本章案例中介绍，此处不再赘述。

（二）全民皆兵

大部分的中小企业在建社群的时候，都有人力资源限制问题。因为社群刚起步，企业不太可能立刻成立专人团队，毕竟公司内部每一个人都有自己特定的岗位，而"全民皆兵"策略则解决了这个问题。全民皆兵的意思是，发动公司全体员工参与社群运营，并且可能的话，也邀请公司顾客中有兴趣做网红的人来参与社群管理。"全民皆兵"的工作原理就是每个人利用碎片化时间来解决社群运营所需要的人力资源问题。假如一家公司只有7个员工，那么每人每天花费30~60分钟活跃社群，大家每周轮一次，对大家的工作负担都不重。如果有30个员工，每人1个月轮1天，相信员工也不会有太大意见（图7-3）。

企业可以专门指定一个人总负责社群——即使此人不全职，但在岗位设计上也应该有一个总负责。可能的话，更建议企业选择"90后""95后"甚至"00后"来做。因为对于数字居民来说，他们更熟悉如何使用社交媒体。

社群"总负责人"主要负责社群的行政管理与主题策划（见"内容策划"部分），但是不需要事事亲力亲为。具体操作将由所有同事与顾客KOC轮岗完成。社群行政管理具体做主题策划、群规建设、流程标准建设等工作。而日常社群工作的运营，则由其他同事与KOC轮班完成。轮班者可以根据当天的主题策略准备好讨论主题，在群里激发大家的讨论。例如，今天的社群讨论主题有关流行元素，不妨先抛出问题，问大家是否知道今年流行什么色彩？自己是否尝试了穿着流行色？或者朋友圈是否也有人晒流行色等？

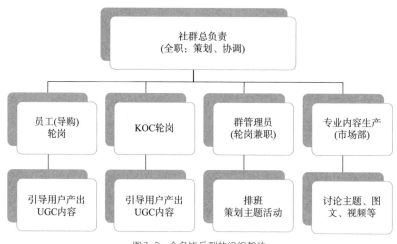

图7-3　全名皆兵型的组织架构

（三）社群需要让多方受益

很多社群之所以没有可持续性，主要还是因为它只能让少数人受益——比如只有在做销售（卖货）的群主或者企业受益。一个可持续的社群是一定能长期让群友感受到价值的社群，卖货对于企业是价值，对于顾客并不是。这个其实本质和企业管理一样。如果一家企业只是让员工感受到付出却没有收获，那么也同样难以持久。因此，让用户感觉到他们在群里不仅仅是来付钱的买家很重要。

所以对于销售型社群，可以通过图7-4所示分级管理来让多方受益。

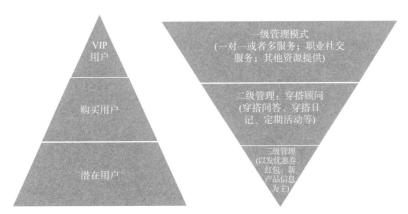

图7-4 对顾客进行分级管理

　　最基层的社群，可以不进行任何的筛选，扫描群二维码就能加入。并对这类社群进行最简单的管理方式：发优惠券、红包，和简单的新品上市、优惠打折信息等。

　　当这里的人转化成顾客时，既可以把他们升级到二级群。二级群就是真正的顾客了。对这类人群可进行二级服务与管理。比如在本群提供穿搭顾问，但不是一对一的服务。只是组织穿搭活动、群内穿搭问答，还有定期的社交活动等。

　　对于购买到一定金额的顾客可以升级进入 VIP 用户群。对于这个级别的顾客，可以进行一对一甚至多对一的服务，比如提供专门的职业社交服务。"职业社交"可以通过各种线上线下活动让大家彼此熟悉，并借助这些社交活动成就顾客之间的价值，比如顾客因为在你的平台上，可能也认识了能购买他们企业的产品的人。也就是借着你的企业平台，他们也建立了自己的人脉资源，并通过这些资源为自己的生活或者事业带来便利或者价值。这才是通过社群维护顾客关系的最高阶段，也就是"利益共享"模式。下面的"内容策略"部分将对此做更详细解释。

　　很多群会依赖于机器人管理。机器人的问题在于，他们只会做机器才会做的事情。比如来一个新成员，机器人就会打招呼欢迎。如果一天进来了几十个人，机器就会招呼几十次。这对社群管理就是一种干扰。机器人也有一定的好处，可以做些基本数据统计（比如发言统计、入群时间等）。所以对于规模较大的社群可以借助人工与机器一起管理。

五、社群内容策略

无论是运营社交媒体还是社群还是发朋友圈，都有内容策略的问题。其实一旦定位与目标清晰，内容策略也并不复杂。比如，针对一家时尚企业，可以按这三大板块的内容："时尚板块""品牌板块"与"职场社交"进行分类运营（图7–5）。

图7–5　社群运营之内容策略

（一）时尚板块

第一类可以是时尚类的新闻资讯：什么企业发生了什么新闻，好像"每日新闻播报"，可以每天早上固定一个时间分享给大家。

第二类是时尚穿搭类的内容。比如每周的周六或者周日的时候，因为是休闲时间，可以鼓励大家来打卡分享自己的穿搭照片，同时请公司内部专业的设计师或者造型师进行专业点评。陌生人刚开始一般不太喜欢在群里分享自己的照片。可以由员工分享点评些公众人物的穿搭。一般大家讨论热烈时，就会有人希望拿出自己的照片来由专家点评。为了隐私，也建议对人物脸部进行马赛克处理。

第三类则可以是时尚相关的历史文化或者名人轶事。比如品牌历史，这些在品牌官网上都容易找到，或者看些相关书籍即可找到相关资料。和大家分享时，请注明资料出处。除了尊重知识原创者外，也是为了让大家知道你的资料来自可靠出处，不是自己瞎编的。

（二）品牌板块

品牌相关新闻，例如，哪里开了新店，做了什么活动，邀请了什么明星代言等，以及新品上市、促销优惠活动等。

（三）职场社交：社群是通过社交做销售，不是通过销售做销售

很多做销售的社群都忽略了一点，社群是通过"社交"来做销售。销售是目的，社交是手段。其背后的原理是，买卖双方通过"社交"产生了"了解"随之再产生了"信任"。对于私域消费而言，因为脱离了实体店铺或者大平台，"信任"在私域领域成为交易的基础。因此，对于大多数非知名品牌建立的社群，意识到这点尤为重要。

那么一个销售型的社群如何做社交呢？我们还是以服装销售群为例。

通常购买消费品的人通常背景会非常多元。年龄、性别、教育、职业都不太一样，但至少有一点是肯定的，即大部分人应该有职业。可能对方是个老师、医生、公务员、公司职员等。可以每1~2周邀请一个顾客出来与大家分享一些常识性内容。比如，医生可以给大家普及健康常识；老师普及现在教育的情况；会计可以和大家普及下个人理财；律师可以普及法律常识；即使是工人，比如修电器的，也可以普及下家用的产品。一个群里，总可以找到一些可以与大家共享的通用型的内容，这样就可以形成一种互助的社交。

可能有的人会说我们怎么知道顾客是做什么的？这个就需要用到前面分享的关于入群门槛及打标签的问题。比如可以请入群者将群昵称修改为"名字—城市—职业"。通过职业，就可以了解个体的工作性质。为了鼓励顾客尽量显示真实的城市与职业，需要经常告知大家社群的运营规则，以及为什么建议大家尽量使用真实的城市与职业信息。当众人看到这些真实信息能让自己从社群获得更多的好处时，大家自然会使用真实身份。

其他的社交活动，可以包括组织大家线上一起观摩电影，讨论电影中的人物穿搭；或者组织读书会，大家一起讨论读后感，再评选出最佳读者，并给予最佳读者奖励。

条件若允许，企业还可以与其他社群组织跨群联谊活动。比如跨群与宝妈群、

母婴群做联谊活动。当然社群联谊需要价值观相仿，这样才能做到"1+1大于2"。

最后，绝大部分人刚进入一个新群都喜欢观察而不是立刻发言，因此，社群管理员先自己做出示范，用实际行动证明这个群对于用户的价值，那么参与者才会越来越多。

六、社群运营的其他方面

（一）社群运营时间

在发布内容上最好设置一定的时间规律。因为大家感兴趣的东西是不一样的，所以每个人可以根据各自喜好到了固定的时间就来看群消息。同时，它也会让大家对社群形成清晰的规则印象。如果信息太杂乱但又没什么主题规律，群友会混淆这个社群到底是做什么的。通常来说，早上上班的路途时间段，可以发资讯类内容。中午吃饭时间，可以发送些轻松话题。一般下午5点到11点是高峰时期，大多数人会看微信。这个时候可以发些相对重要的内容，比如促销、重要活动、大家彼此的交流等。

另外，内容发送频次也不能太多，过于频繁的群消息也会令人生厌。毕竟这不是顾客的工作群，对于顾客来说这里只是他们主要用于消费的社群。所以活动频次应适当。

（二）社群的风险管理

相当一部分企业在建立社群时都会有一些担忧，即万一有个别顾客购买产品后体验不好，在社群里诋毁自家品牌怎么办？这也是他们迟迟不愿意做社群的原因。

事实上，这首先取决于企业或者品牌自身的正规性、合法性以及对自家产品的信心。顾客群都是已经消费过的人，要相信他们作为真正的消费者自有自己的判断。假如大多数顾客都对品牌不满意，那么从逻辑上来说这个社群就不可能成立，因为大家会纷纷选择退群。因此，对于一家正规、合法且诚意经营产品的企业来说，并不需要担忧这一点。当然，少数顾客产生纠纷可能发生在任何一家企业，但这毕竟是小概率事件。因为担心少数顾客来找茬而放弃一个渠道的经营，就好比因为担心有顾客来找麻烦而放弃去开一家实体店铺一样，是因噎废食。假如这类事件真的发生，比如顾客因为不满意服务或者产品质量，而在群里投诉，那么企业应该立刻做出回应，并展开调查，并且在群里表明态度。如果确实是企业问题，一定在社群公开向消费者道歉，并按相关规定予以退货或者换货等。如果处理得当，这也是一个向其他顾客证明自己是一家有担当的企业的时刻。

经营社群还有另外一种较为极端但可能出现的情况，那便是"黑粉"的存在。"黑粉"通常指故意找茬的人，他们大多出于私人目的，也或者来自竞争对手。他们加入社群，就是为了搅乱社群。这时候就非常取决于社群管理能力了。这也是为什么说，社群建立一定规则非常重要。黑粉通常素质都不太会高，会想方设法贬低社群、贬低品牌，用语粗俗。因此群规可以设定一条"文明发言"，或者"不可捏造事实、口无凭证地抹黑任何企业（个人）"等，用群规淘汰掉这些不友善的人。

 采访七　李艳梅：影儿集团是如何运营私域的？

小 结

1. 社交平台主要载体形式：

以B站为代表的中长视频，以微信公众号为代表的长图文，以喜马拉雅、荔枝、阿基米德为代表的音频，以微博与小红书为代表的短图文，以知乎为代表的知识分享平台，以及以抖音、快手与视频号为代表的短视频及直播卖货平台。

2. 私域运营组织架构主要包括内容策划与制作、私域运营、客户关系维护等。

3. 私域运营起始于"朋友圈"的设置与内容发布。"朋友圈"应当被视为个人（企业）职场形象名片。

4. 私域运营需要充分利用好"备注""标签词"和"描述"栏。它们都是私域数据与营销运营的最基本的数据需求。

5. 社群运营策略：

人格化品牌；

规则意识；

全民皆兵；

社群是通过社交做销售，不是通过销售做销售。

练习

1. 请对照检查自己的朋友圈设置，如果陌生人加你好友后，是否可以通过你的朋友圈设置"认识"你是一个什么样的人？以及你对自己朋友圈的人是否了解他们的职业与特征？

2. 如果你的公司已经做了社群，社群运营效果如何？无论效果好坏，请分析为何会有这样的结果。

第八章　直播带货

第一节　定义、概念与理论

"直播（livestreaming）"是指以不间断方式实现在互联网上随时记录（直播的内容）并传送播放给观众的技术。直播技术很早就存在了。传统时代我们所看到的电视直播就是利用这种技术，只不过当时我们看的主要是新闻、娱乐节目或者大型事件、活动直播等。随着互联网技术的发展，这种技术从专业机构逐渐发展到每个人都可以通过个人电脑或者手机端口进行直播。

国内个人直播的发展则起始于约2010年。当时的直播以游戏与娱乐表演为主，主播收入则以个人打赏为主。差不多到了2016年，最先由淘宝开始做直播卖货。直播卖货刚开始遭遇了与2000年年初，淘宝最早开店一样的局面，它们被广泛认为是很"低端"甚至"低俗"的事情。直到头部主播出现，他们的一场直播赚得了上亿的流水，人们才开始对它刮目相看——但即使如此，业内依然质疑直播的可持续性，甚至认为直播也只适合做低价产品。也有的人认为直播卖货不过是电视导购的网络版，并无新意。而当2020年居家办公期间开始，直播就几乎成了很多商家最后的"救命稻草"，无论当初认可还是不认可直播的商家都纷纷转战直播，一度也因此造成直播费用陡升、主播收费过高等不合理现象。

随着直播的走热，国家一定也会逐步开始对直播立法❶，包括在直播内容、企业税收方面都逐步做出更加明确清晰的规范。

---

❶ 张伟，黎雪.直播带货的法律问题及规制，民主与法制时报，2022[2022-8-15].

第二节　时尚直播业现状

一、直播产业链

从直播带货开始至今，直播也逐步形成了自己完整的产业链。目前，直播卖货产业链主要由四大环节构成：

（一）供货方

供货方是提供货品给主播或者MCN机构的企业方。他们通常要么是品牌方，要么是工厂直接供货。

（二）主播/MCN机构

主播从隶属关系而言也分两种，一种属于自己做的，这个属于"个体主播"；一类则隶属于MCN机构。MCN类似于主播经纪人角色，承担着挖掘主播、培训主播、帮主播匹配合适的客户、寻找货源等工作。在MCN机构里，主播的收入主要是底薪＋提成模式。不过，主播一旦自己做到一定程度，很多也会单干。MCN机构大多与直播平台建立了官方合作渠道，能比一般个体获得更多平台的流量资源支持。就总体而言，对于成熟平台，单干获得流量机会比较小。

（三）直播基地

一场专业的直播销售需要场地、专业设备和支持团队配合。直播基地可以提供这类服务。基地也逐步在深入直播生态链，比如他们也会和直播平台建立官方联系，并且为主播或者MCN机构提供供应链服务、运营培训等。

（四）直播平台

即指诸如抖音、快手、淘宝这些平台。越来越多的平台加入了直播销售，比如微信视频号、小红书等。品牌公司也会通过自己的微信小程序建立独立直播平台（图8-1）。

供货方	主播/MCN机构	直播基地	直播平台
• 品牌方 • 工厂	• 个人主播 • MCN机构	• 场地、设备提供方 • 其他运营支持服务	• 抖音 • 快手 • 淘宝

图8-1　直播产业链

二、品牌公司直播合作模式

对于企业来说，既可以独立在直播平台上开播，即"自播"；也可以与主播或者MCN机构合作完成直播。

（一）品牌方自播

品牌有自己的主播（多以店铺导购为主，也可能是企业高管甚至总裁）+直播场地（自己建直播场地或者商场店铺）+自己供货。这里的"自播"模式，可以被视为我们传统实体店时代的"自营店"模式。

（二）外部主播代播（他播模式）

品牌方供货，交由外部主播代播，主播背后大多有MCN机构、直播基地，或者其他直播公司来合作。这个有些像我们传统实体店时代的"经销商"模式。

早期很多企业并不太了解直播，而且因为主播的自带高流量，大多数企业更愿意将产品采取他播模式，但也因此遭遇了很多问题。比如头部主播太贵，而且压价厉害，有的品牌　场直播下来，看似流水收入很高，其实是以亏损结束的。即使如此，众多品牌依然趋之若鹜，权且将直播当撒广告费。但几个头部主播因为税务问题被处理后，对于已经为直播准备了巨量的库存后因为主播被突然停播后而导致了巨大库存风险，企业也开始尝试自播，虽然见效慢，但风险也小许多。

就总体而言，自播和他播都是直播可以采取的模式。至于两者占比则由企业根据各自战略需求而决定。

三、目标消费群体与观众参与形式

到目前为止，绝大部分的直播销售都是公开的，任何人可以随时上线浏览刷直播。理论上来说，流量越大越好，但是对于中高端品牌，特别是奢侈品过大流量也未必是件好事。想象一下，有多少买上万单价的顾客希望店铺里是"拥挤"的感觉（即使是虚拟店铺）。

从目标消费群体参与方式，直播也可以被分为以下三种阶梯式直播策略（表8-1）。

阶梯式直播策略就是针对不同群体采用不同的直播形式。有的是公开的，以赚流量为主；有的则是邀请制的；最尊贵的客人则可以采取一对一形式讲解与服务。总之销售形式和手段是跟品牌定位和直播目的息息相关的。

表8-1　阶梯式直播策略

级别	形式	目标群体	目的
1（公开）	公开	所有人	种草（安利）
2（会员）	邀请制	会员	销售
3（尊贵）	一对一	高级别会员	销售与服务

第三节　组织架构、职责与常见问题

一、团队组成与各自职责

直播团队可大可小，但一般来说，直播卖货至少需要两人组成：主播加助手。许多个体主播就是以这种形式做的：两个人+几部手机。这种形式更适合刚起步的个体主播。与其他部门一样，越大的公司，组成结构越复杂。但是对于企业来说，一般都会包括以下八个角色：

（一）直播总监

直播总监可以被视为直播部门的总领导。管理整个团队。

（二）直播策划组

策划直播的整体安排，包括流程、脚本、团队组成等。

（三）主播团队

"主播"也就是那些出现在镜头前的人。如果是多人团队，也会有角色安排，比如谁负责讲什么。因为客观手机大小的限制，一般镜头里出现的人不会超过2~3人。

（四）助手

助手主要帮助主播提供辅助信息（库存数量、尺寸、产品信息等），并及时准备好下一款产品。

（五）场控

主要按照脚本设计控制好时间。

（六）客服

负责回答评论区的问题，管理好评论区的发言。客服有权限禁言、剔出那些粗鲁评论的人。

（七）买手（采购、供货）

主要负责寻找货源，为主播找到合适的产品。有些公司还有专门的数据分析，根据数据结果来寻找符合目标群体的产品等。有的公司数据分析工作由买手完成。买手也要负责维护好与供应商的关系。

（八）拓展与渠道管理

负责拓展直播平台及维护与平台的关系等。

二、时尚直播主播的要求

时尚品类是各大直播平台最大的销售品类之一，在有的平台（比如阿里巴巴）则是最大的品类。因此，主播现在也是一个非常热门的岗位。那么，一个专业的主播应该具备哪些条件呢？

（一）形象要求

这一点与线下实体店差不多，这也是时尚行业一个特点，比较讲究外形要求。对于直播主播而言，因为镜头有放大人体的作用，并且主播经常需要自己试穿衣服，因此可能有的企业会对体型也有特定要求。

（二）情商、沟通表达力与抗压能力

虽然通常来说，每个人都应该具备一定的情商与沟通表达力，但是网络直播间的社会环境比我们日常的办公环境要复杂许多。首先是人流量巨大；其次，人员背景多元，来的人各自目的也不一样。同样一句话，不同的人听到可能有不同的反应。而网络上大多是隐匿的身份，所以大家发言也会更加直白，甚至某些时候某些个人的发言具有一定的攻击性。比如，有的网友可能直接评论主播"丑""太老"。假如不小心"蹭到"了一些热度事件，直播间可能会遭遇潮水般的评论，里面可能有一群支持你以及反对你的言论……因此，主播的情商、沟通表达力与抗压能力都要极强，才能长期做下去。

（三）体力

主播同时还是一个体力活。特别是做鞋服配饰产品的主播，大多还要自己亲自试穿。站立几小时，外加来来回回换衣服，都非常考验体力。这也一定程度上解释了为什么时尚类主播都以年轻人为主。

（四）产品知识

熟悉产品，当然对做销售很重要。不过现在也有很多人靠提词器说话，从专业度上而言就略逊一筹。看提词器，肯定就很难再与顾客进行及时互动与回应顾客问题了。

（五）穿搭知识

服饰类产品，顾客也经常会问什么样的肤色要怎么配颜色、什么样的体型要怎么穿衣服之类的问题。因此，主播也应该了解一些基本的形象穿搭类知识。

（六）文化修养

在俞敏洪的"东方甄选"火爆全网之前，大众大概从没想到原来文化修养也可以为直播间加分并能相应提高业绩。事实上，带货直播在经历了五六年的原生态式的生长后，现在已开始逐步进入理性阶段。如果经常刷直播的人可以明显关注到，原本以销售背景带货主播、明星为主的主播团队，这两年有更多学者型背景的人加入了直播。一定程度上也带动了大众对主播个人文化修养的关注。

三、直播当下主要痛点问题

直播销售虽然这几年很火，但是依然也面临很多问题。直播卖货主要的问题有以下四点：

（一）高退货率

根据业内反馈，在服装业，实体店铺的退货率基本维持在个位数百分比；淘宝电商则大多处于20%~30%，而直播的退货率数据则达到新高：30%~50%，有的甚至高达80%。直播高退货的原因主要有：

（1）其一是由于直播的特点造成的。直播间特别强调制造卖场气氛，鼓励消费者抓紧当下的机会多消费，这就导致很多消费者在冲动之下消费。等到真正拿到了产品，当时激动的情绪已经平复，便觉得这些产品没有必要购买。

（2）其二是服饰消费习性决定的。服饰产品需要试穿才能确定是否适合自己，直播消费者不少会一次性购买许多，收到后在家逐一试穿，最后退回不适合自己的给卖家。

（3）其三是直播卖家的产品品质尚存在鱼龙混杂的现象，有的商家会存在夸大其词产品图片或者直播形象与实际不符。这也是导致退货率高的原因之一。

直播高退货率无论对于商家还是社会其实影响都比较大。这点在供应链篇章已有解释。有的店铺已经注意到这种得不偿失的做法，因此开始鼓励导购理性销售，尽量降低这种对店铺的影响。

（二）依然处于拼价阶段

直播到目前为止依然处于"拼价"阶段，而在一个以拼价为主要策略的平台上是很难诞生一个有价值的品牌的。不少所谓的"网红品牌"之所以会红极一时但最终只是昙花一现，就是因为这些网红品牌主要策略一靠烧钱做营销推广，其次就是靠极低价策略甚至倒贴的方式来跑马圈地快速占领市场，但这些方式都是难以持续的。待到市场被占领后，就发现自己陷入了拼价尴尬的境地。

（三）成也主播败也主播

直播过度依赖于某个主播个人IP，对于商业来说也缺乏可持续性。如果一家公司的核心盈利点主要依赖某个主播，一旦这个主播出现了任何问题（选品失误、个人健康出问题、决策失误、个人声誉出现问题等），都可能毁掉这家企业的全部。而在过去也确实出现了主播因为个人言行不当而产生了对整个公司业绩毁灭性打击的现象。

（四）对主播的健康伤害

直播带货的高峰时间段大多在晚上7点到凌晨两三点。一般一个专职主播直播时间在6小时左右。无论如何，这都是一个高度考验体力的工作。说话本就费神又费力，更何况很多主播还是站着说话的。从健康角度来看，这完全不是一个健康的工作方式。因此，现在一些公司也会给主播轮班。但是对于个体创业者而言，就只能靠自己一个人做，体力挑战很大。

第四节　直播策划、运营及案例

直播整体流程总体可以分为："策划—执行—复盘"三个主要阶段。

一、直播策划

（一）直播活动目标

虽然理论上来说直播活动基本都是为了销售而做的，但具体来说，即使都是销售，每次直播带货活动也应该有明确的目标，比如是新品上市？还是清仓处理？或者是参加平台大促？不同的目的会涉及后续不同的脚本设计、话术及节奏。

（二）脚本设计

（1）一个最基本的直播带货脚本是这样的，比如：

①（晚）8点开始。

②8：00-8：05，热身：欢迎大家入直播间，介绍直播间今日主题，发红包、福利等。

③8：06-8：10，主播推介品牌故事（故事内容）。

④8：11-8：15，推出第一款产品（产品介绍什么？模特儿在哪里站位？镜头要怎么显示产品等）。

（2）一场最基本的脚本应该至少包括以下要素：

①具体到几分几秒的时间表。

②谁做什么？主播说什么？

③镜头分镜头：每个镜头拍什么？拍主播，还是产品，或者产品细节等？是拍全景、近景，还是特写某个局部动作？

④同步：红包、福利、互动等。

不曾做过直播卖货的人都以为直播卖货很简单，把货品准备好即可。特别是原本就做销售的人，觉得自己就做销售的，产品也很熟悉了，所以也不做预备，也不做演练，预备正式直播就站到直播镜头前即可，但真正开始后，说了两句就不知道继续说什么了；或者，开始后，才发现团队配合出现了问题等。因此提前的脚本策划与设计依然是非常有必要的。

（三）销售节奏感

销售节奏感在直播中是非常重要的。销售节奏感是指一分钟说话的语速，以及换产品的节奏。比如，一分钟语速应该更快还是更慢；平均一个产品应该花几分钟讲解；如果一场直播是6小时，预备讲解多少款SKU？

销售节奏与品牌定位、目标群体喜好及直播的阶段、品牌知名度有关。通常来说，高端品牌销售单价高，节奏需要相对慢。因为价格贵，更加需要顾客花时间来了解。而低价产品需要节奏快。因为单价低，主要靠价格吸引顾客。如果节奏太慢，卖不出销售规模，而低价产品主要靠规模与量取胜。这个与我们线下店铺销售策略一样。越是低价的产品，店铺要显得越丰满，产品要丰富，这样才会跑量。线上直播是同样的道理。也因此，通常高端用户喜欢娓娓道来讲故事般的销售；大众销售群体则喜欢短平快的节奏。

同时，如果是新主播、新品牌、新产品，节奏应该更慢，因为消费者要花费时间了解所有信息；如果是大家熟悉的主播、知名品牌则节奏相对可以更快。

（四）商品策略

商品策略即明确卖货目的，不同目的下的商品策略是不一样的。通常来说，商品部分由商品部或者买手来具体提供。

举例来说，对于新品来说，可以考虑到用于引流的爆款（低价），加跑量的基本款，加追潮流的时尚款来组合；对于清仓货品来说，因为基本都是滞销或者断码，则以价格折扣为主。比如，可以1件×折，2件×折；如果是参加平台大促活动，那么或许可以考虑"新品+库存"来搭配销售。趁着这个机会，用新品及平台流量将库存尽量消化掉。

（五）用户痛点词

用户痛点词是脚本话术中非常重要的内容。从销售技巧来说，"用户痛点词"是那些能触动消费者内心的词汇——当然这则取决于你对自己顾客的了解。比如凡是做过批发、电商的女装直播，大家可以听到的最多关键词是"显白、显瘦、显腿长"，类似的关键词还包括"显高贵""显气质""显腰细""显女人味"等。

如何知道用户痛点词呢？首先是根据平台提供的相关品类的搜索关键词；其次就是基于平时主播在与顾客直播沟通中大家提出的最多的问题。但将用户痛点词话术化有一个弊端，那就是打开直播间会发现大家说的话都千篇一律。对于品牌公司来说，这恰恰是要避免的。总体而言，企业既要结合品牌定位、基因、价值观与产品风格来开发一套能够让团队成员统一使用的话术模板，但同时也要允许各个主播根据各自不同的个人风格在说话时融入个人特色。

（六）直播场景及技术支持

直播无论是场景设计还是硬件支持已经越来越专业。特别是对于中高端品牌。当然随之而来的费用也会相应增加。一些知名品牌为了让直播达到专业级别，会请专业导演＋专业多机位甚至专业主持来一起做，这个基本上和专业电视台直播差不多了。

（七）直播成员

本场次直播团队具体由哪些成员组成？一般来说，需要具体包括：

（1）直播组长：类似于导演这样的角色。

（2）1位场控：根据脚本控制时间。

（3）1~2位客服：发红包，回答顾客问题，上架商品链接等。

（4）主播＋模特儿（若需要）

（5）数据分析员：数据分析员实时监控数据。根据数据反馈来确定哪些产品可以花更长的时间，哪些可以更短。并且根据数据，要求供应商及时补货等。

二、"线下导购"与"线上主播"的不同

现在很多公司都在训练导购转做直播主播。那么从线下导购转向线上直播销售主播，究竟有哪些不同呢？从实体店销售转向线上直播销售，其中最大的不同，是销售人员对自己岗位的认知。销售人员需要从"销售"转向"演员"的角色。其差异主要包括以下三点：

（一）实物呈现方式与用镜头呈现人物与产品

在实体店铺，从店铺到人物到产品都是以实物形式呈现的。而直播，则需要用手机镜头来呈现人物与产品。手机镜头非常小，因此，在这样一个小方块空间里，应该呈现什么、以什么角度和方式呈现能够让顾客看清楚、人物应该是全身还是半身等都是需要提前设计过的。

（二）人在镜头中的面部表情、声音、肢体语言更为重要

如果个人有拍照经历，大概都会发现，原本人长得好看的不一定在镜头里好看；原本看似长得一般拍出来的照片却很好看。用我们日常的话来说："（会拍照的人）很上镜。"另外，从镜头里看人，与看真人也会不一样。当我们看镜头的时候，因为网络传送有的时候会有停顿，导致画面显示出马赛克或者停顿，于是我们便会看到各种怪异表情的我们。也因此，在镜头里的我们，学会表情管理就更为重要了。

（三）直播采用的是镜头语言来讲故事

什么是"镜头语言"？同样一个人、一个物，通过镜头来展现，与在实体空间展现也有一定的区别。直播是用镜头语言来讲故事的。什么叫"镜头语言"呢？

1. 构图、色彩、光影

镜头中的构图如何？主色调是什么？用什么光线等？为什么要这么做？理论上，镜头语言也都是为直播目的服务的。

2. 动作语言

我们可以用"看电影"来理解这段话的意思。在电影中，任何长达几秒的画面静止，对于观众来说都是一种巨大的影响，大概率观众会觉得设备或者网络出故障了。如果时间再长些，观众大概率就换频道了。这就是为什么镜头中人物或者画面需要保持一定的动感。这也是为什么，直播间如此强调"氛围"。好的主播都很会"搞气氛"，无论是通过夸张的表情、动作，还是使用特定的词汇或者与观众积极互动、说话幽默等，都可以被理解为想尽一切办法不要让观众觉得乏味而离开。

3. 镜头拍摄角度、运动方法

学过摄影或者摄像的人都可以理解这些专业名词。拍摄角度是指比如拍正面？侧面？背面？镜头是全景（全身），还是近景（大半身），还是特写（脸部、手部、产品特写）等。镜头还有不同的运动方法，比如旋转镜头、平移镜头、固定镜头等。总之，单单镜头本身，就有一套自己丰富的"语言体系"。如何运用镜头语言体现直播间的魅力也是需要学习的内容。

4. 认知差异

相当多的人到目前为止对于直播持有保守态度，其一，他们自己几乎不看直播卖货；其二，认为直播卖货是件很低端甚至低俗的事情。如果这个观点不改变，那么是很难从事直播销售工作的。事实上，直播与其他场景的销售一样，是一份值得尊敬的职业。职业本身并不分高低贵贱，但某些直播会让观众觉得低端或者低俗，主要还是由于主播个人修养不够、言谈举止不恰当，但不应该因为一些个人行为而看低某个职业或者行业。

5. 线下的面对面沟通与线上面对没有观众的镜头说话的差异

在线下做销售时，销售面对一个特定的对象。从这个对象的仪表、衣着与言谈举止，及双方的对话，销售可以基本判断这个人的职业、个人喜好等，也因此可以做出相应的产品推荐。而在直播间，销售对象则不是特定的，甚至是不可知的。一个人要对着没有观众的镜头滔滔不绝地说话，对于镜头感比较陌生的人，通常是要花费一定时间去适应的。目前的互动也多仅限于文字性互动。如何在没有特定对象的前提下去推介产品并说服观众购买，需要不同的技巧。

6. 线下无记录、线上一切都会被留下痕迹

线上与线下还有一个非常重要的区别，那便是线上一切都是被记录的。即使直播者删除了直播，这场直播可能会被观众截屏、录音甚至翻录。因为直播间不恰当的发言或者举止而导致被处罚甚至封号的案例也不少。而对于知名品牌，员工在直播间的不当行为可能会导致品牌公关危机。也因此，从公司角度而言，当销售人员转向直播间后，每个人都需要接受基本的PR训练，知道对于超出他们岗位范畴的问题，他们应该如何处理等。并且在发言过程中谨记相关法律法规及平台规则，避免给企业与自己惹祸。

7. 商品策略的不同

两个渠道的商品策略也不尽相同。线下因为销售对象明确，因此导购推荐产品也是明确的。而线上销售对象不明确，且是连续性销售，因此需要依赖其他部门（一般是商品部）提前做好的商品规划来进行组合销售。

8. 线下导购只要专注做销售，线上需要组合销售策略（红包、福利、气氛烘托等）

在线下，导购只需要专注做好1对1的顾客销售服务即可。在线上，销售不仅仅

只有卖货，还需要穿插许多互动、红包福利放送以及其他一些烘托气氛的动作。

总之，对于从线下转向线上的销售，还是需要花费些时间与精力熟悉线上的销售环境及差异的。

三、解构优秀案例

当我们面临新事物的时候，观摩先行者的做法是一个不错的学习起点。直播的好处在于它是面向大众的，因此通过解构其表象梳理出其背后的运作逻辑就是一个不错的学习方法。以下是我曾让学员练习使用的工具型问卷，它可以帮助大家学习如何解析一次直播活动：

（1）首先可以作为观众，给这场直播打分，并陈述为什么是这个分数？

（2）分析直播场景。直播场景具体包括一些什么要素？例如什么背景、背景上有什么内容？除了主播，整体商品陈列又是如何的？总体场景设计与所销售的产品之间是否一脉相承，还是会有违和感？如果给该场景打分，会打多少分？为什么？

（3）整场直播中总共出现了多少人物？这些人物分别是什么角色？主角是谁？角色和角色之间的关系是什么？

（4）如何描述镜头中人物自身的人物形象、仪表与言谈举止？他们与所卖的产品定位是否相符？比如，罗永浩的直播。销售科技男关注的产品明显好过他卖生活用品。这就是他特定人设带来的优点与缺点。这点非常重要。特别是对于销售有美感产品，主播自身形象、穿戴及言谈举止需要符合这个定位。

（5）主播人物形象是否符合其所销售的产品定位？为什么？这个就是要对主播，包括出现在镜头面前的主要的人物来做评价的。

（6）分析直播脚本，整个直播流程大致是什么样的，每款产品介绍大约花费了多久？

（7）整体流程中让你印象最深刻的环节是为什么？

（8）如果你是消费者，主播介绍的内容是否包含了你所想知道的所有内容？如果不包括，请说明缺少了什么？

（9）假如你是消费者，这场直播是否足以促使你下单，为什么？

（10）主播是否有经常说的话术，他（她）经常说的话术是什么？这些话术你认为是加分项吗？所谓的话术就是他经常反反复复地说的内容，比如说我前面说的一些用户痛点词。

（11）你觉得主播的语言节奏是太快、正好还是太慢了？

（12）你认为主播的语言能力和其所售产品定位是否相符？为什么？

总之，站在一个消费者视角，从直播形式上、内容上、主播表现上分别解读直播活动，学习他人长处。

四、时尚类直播案例

在这里，举例说明些在时尚品类直播中，值得关注的几个案例。它们之所以值得关注，是因为它们采取的直播销售方式都颇具特色。

（一）路易威登

路易威登是最早在国内直播的奢侈品牌之一。2020年3月26日在小红书做了自己在中国直播销售的首秀，由时尚博主程晓玥和品牌挚友钟楚曦推介2020夏日系列。如果去网络搜索相关新闻，会看到不少媒体将其描述为"翻车"直播❶。LV之所以首秀"翻车"，主要有以下几个原因：

（1）首先所选的博主与模特，虽然说有一定知名度且形象佳，但程晓玥甜美的形象与LV一贯偏高冷酷的形象并不太相符。

（2）其次，两个主播虽然也对产品做了全面的介绍并融入了个人看法，但相对于专业的主播，确实缺少销售气氛，总体让人感觉像背诵了脚本。这也是后期很多品牌找明星做主播遭遇的困惑。明星有巨大的流量，但他们毕竟不是专业的销售人员，因此在带货的专业度方面总体上还是不如真正做销售的人。

（3）LV这场直播最大的败笔是场景设计。LV介绍的是2020夏季系列，却将上万元的鞋子、包包放在几个塑料凳上面，还有一根晒衣服的挂绳。唯一给人一点儿海滩感觉的是一个非常狭小的好像玩具般的小木屋，里面挂了些LV的衣服。整体场景设计给人过于简陋粗糙的感觉。

---

❶ 江城.LV直播首秀翻车，被指"太土"，背后到底错在哪里？钛媒体，2020[2022-8-15].

（二）耐克

耐克的"AIR MAX 2020云派对"直播做得非常值得学习。

"AIR MAX DAY"是NIKE全球市场一个重要活动。2020年因居家办公而转为线上直播活动。这个直播活动邀请到了明星、球鞋玩家、名人以及球鞋爱好者。整个直播完全按照一个综艺节目标准来做的。节目有主持，有嘉宾，有观众。AIR MAX鞋子被放在一个小鞋柜里，嘉宾看不到这双鞋究竟是什么，他们需要靠手感来摸出这是第几代的AIR MAX系列的什么产品。非常考验嘉宾是否真的熟悉这些球鞋产品。如果摸出来，就顺便介绍下这个产品背后的故事。可以说既很有趣，但也带动了销售。不会让人看得乏味。大多数人看直播卖货几分钟就会退出。但因为是综艺节目，观众停留时间更久。

（三）例外

例外的首次小程序直播是目前国内高端品牌直播值得书写的一场直播。整个直播看得出做得非常用心，做得好像一部文化主题节目。虽然目的是卖货，但让观众完全是沉浸在品牌故事中，不知不觉就被吸引过去买了。目测团队使用了3或4个机位。前后出镜的，除了凤凰卫视主持人李辉及生活瑜伽推广者林敏，还有几个同事协助介绍产品。

直播一开始的时候是品牌介绍。主持人采访CEO毛继鸿先生，讨论关于品牌这一季的产品开发主题思想，还有现在品牌的定位。包括也谈到他们对文化的关注，对于手工产品，对于手工艺从业者的关注，诸如此类的。所以它是融入了很多的品牌价值观和文化的东西，是以"讲故事"的方式销售，而不是以卖货的方式销售

接下来就是CEO带着主持人与模特"逛店"，逐一介绍产品。

这场直播特别有意思的是有一个手工作业的部分。CEO会介绍植物印是怎么印的？他现场拿了一条白色的丝巾，然后他把丝巾放在台面上，再把一片绿色叶，放在丝巾上，然后用一把小榔头在叶子上敲……敲着敲着就把这片绿叶子慢慢地敲出绿色的汁液来，这个汁液就会逐步在丝巾上蔓延开来，形成叶子一样的形状。整个过程相当于是即兴创作一样的，而且因为叶子其实长得不一样，每个人敲的

手法也不一样，最后形成的图案也不完全一样。这块丝巾也就成为了"独一无二"的作品。

对于消费者来说，这是一个很有趣的定制产品的方式，因为大家知道我们现在大多数的定制都是由机器完成的，而这个是你自己可以到店铺里面自己去实践亲手定制自己的作品。例外的直播售价基本都在2000~5000元，在直播中属于高价格。但据我的观察，直播期间一直不断有顾客"在购买的路上"。

（四）其他案例❶

1. 案例A

（1）背景：这个案例是一个中年男士，业务是卖童装的。其童装价格是在30~90元。因为是工厂直供，所以价格很有竞争力。

（2）直播后给人的总体印象：观众总体感受到的印象就是整个过程"太平淡"。四平八稳的感觉，好像喝白开水什么也没让人记住。

（3）优势：因为主播自己做工厂，所以对产品很熟悉。特别是童装，安全感很重要。在这方面他可以给人不少专业建议。

其次，他是一个读过大学的工厂老板，而且学的也是纺织专业，这点在工厂不太多见，所以他说话其实文化水平很高：逻辑清晰、很有条理。但它也造成一个问题，就是情感表达太少，说话从头到尾语态都很理性、平稳，好像播报新闻这样，让人感觉过于端着与严肃。

（4）问题：作为中年男士介绍宝宝衣服有点让人感觉太硬，一般可能是女性来介绍更好，所以他也许应该找一个宝妈来搭档更好。

另外，因为他自己的孩子已经十几岁了，所以他关于宝宝的生活日常聊起来比较难，所以如果是宝妈来做，这个就有先天性的优势。

2. 案例B

（1）背景：第二个案例是卖针织帽的工厂主，也是个中年男士。他卖的针织帽10~30元，可以说价格也很有竞争力。

（2）优点：同学们评价他给人留下的总体印象是他很有喜感。他本身是个自

---

❶ 案例来自作者课堂学员练习案例。

由快乐、没什么心事的人，这种快乐很天然地影响了他的观众。可以说挺有观众缘。所以我告诉他，一定要把这个优点发扬光大。

其次，作为工厂主，他可以很充分地介绍每款帽子的制造工艺，比一般销售型主播了解产品。

（3）问题：问题就是因为他做的都是基本款针织帽，这些产品没有什么太复杂的工艺，所以介绍起来他就常常一副无话可说的样子。所以我建议他，还可以结合一些服装搭配，或者结合一些色彩讲讲色彩搭配和流行趋势等。当然这些都要提前做功课的。因为他是工厂，所以他对用户和流行趋势的了解比较匮乏，这是他要去弥补的作业。

3. 案例C

（1）背景：这是一个卖旗袍的"90后"设计师女生，但是她卖的旗袍对象以中年女性为主，价格在1000~3000元。

（2）优点：她做练习时，给人留下的总体印象就是她的笑容非常灿烂，很有亲和力。这个小女生自己也很喜欢旗袍，而且是所销售产品的设计师。她的气质也比较温婉，比较适合穿旗袍。从主播的形象、气质、性格与专业背景来说，她非常符合旗袍所需要的定位。

（3）问题：她的问题也很明显。

第一个问题，穿旗袍其实需要特定的体态的，比如站姿要优雅。她是个年轻女生，我们发现她直播的时候，两只手似乎不知道该放哪里，所以边讲话就边老是晃荡着两只胳膊，比较干扰视线。所以我和她说，如果真的要做主播销售旗袍的话，最好能够去接受一下形体训练，怎么穿旗袍才能体现出一种优雅感？特别是这些旗袍价格不菲，更应该注意整体形象与服饰的契合度了。

第二个问题，她虽然喜欢也设计旗袍，但因为年轻，对旗袍的传统工艺了解并不很清楚。如果顾客问一些专业问题，她自己也解释不了。这是她需要提高的专业问题。

第三个问题和她的年龄有关。她并不了解她的目标群体——中年女性的生活方式，以及穿着痛点。比如，她们穿着旗袍会去什么样的场合做什么？他们的穿着痛点在哪里？这个是她要去做调研了解的，以便更加有针对性地解决顾客的问题。

所以一个提高自己直播方式的方法，就是组成团队，大家做直播，然后让彼此从观众的角度去点评，帮助同事一起进步。

第五节　直播销售的未来发展趋势

一、规范化

新事物在发展初期，一旦有成功的案例出现，便大多会经过一段原生态生长阶段，许多人都迫不及待地抓住这样的机会赚得一桶金。也是在这个过程中容易出现鱼龙混杂的现象。直播也不例外，诸如税收、假货、欺诈这样的现象将逐步得到治理。直播会成为与其他正规销售渠道一样的主流销售方式。

二、高端化

虽然至今很多人依然认为直播只适合低价产品，但其实奢侈品公司都已在布局直播，只不过他们大多以自播为主，并且大多是邀请制观赏，外部人员不一定知道。

如前所述，直播卖货只是一种销售形式，直播本身不存在高低贵贱的问题。直播的所谓高贵感或者低俗感，完全取决于直播形式、主播自身修养与直播内容。因此，它既适合低价产品，也适合奢侈品。

三、综娱化

综娱化意思是未来观众可以通过直播边看节目边购物，这里的节目包括了：娱乐节目、电竞、体育比赛等带有表演性质的节目。事实上，这个场景已经在历史上出现过。2020年已经有高尔夫球赛边直播体育比赛边出售运动员身上的服装、所使用的球具等，讲解员直播比赛的时候，会时不时插入对产品的介绍。甚至，未来，随着技术的发展，电影、电视剧也将成为直播带货的渠道——只不过因为他们不是严格意义上的直播形式，但从技术上来讲，边看电影边发送女主或者男主产品链接也完全可能。

四、科技化

当前的直播，视觉上还是平面的、非沉浸式的，但一旦有AR、VR与3D技术加身，则用户即可以非常立体的方式沉浸在一个与现实空间没有太大差异的虚拟空间里。在这个虚拟空间里，顾客可以虚拟试衣，并且触摸产品材质，闻下产品的味道。这一切都不是天方夜谭。我们现在从电脑与手机上主要感受到的是视觉与听觉，事实上，科学家们也一直都在尝试解决触觉与味觉的问题。

另外，主播用自己的数字人替身来为自己主播也已经实现。本书最后一章"未来的时尚"将对这部分做更进一步的分享。

五、跨境直播

直播的另一个机会点是在跨境直播，即直接向海外顾客通过直播销售。虽然现在因为涉及品牌版权问题（每个地区的品牌只能在本地区销售）具体的平台路径还没有打开；所以现在跨境电商虽然已经有了，但是跨境直播卖货还没有正式开始。跨境直播的障碍主要是政策障碍，而不是技术障碍，但这个政策障碍迟早都会被解决的。这对于外贸业务员来说是一个极好的转型机会。虽然外贸行业在衰退，但是跨境直播与跨境电商对于贸易商来说，可以成为转型机会。毕竟在国内能用英文介绍产品的人大概也只有外贸员更容易上手。

 案例四　**高端品牌如何在直播间体现高级感?**

┌─── 小结 ───

1. 直播产业链主要包括：供货方、主播、MCN机构、直播基地和直播平台。

2. 品牌公司直播合作模式主要有"自播"和"他播"。

3. 直播团队成员主要有：总监、策划组、主播、助手、场控、客服、买手，拓展与渠道管理。

4. 时尚直播主播需要有一定的形象，对情商、沟通表达力与抗压能力、体力、产品知识、穿搭知识与相应的文化修养。

5. 直播需要提前策划。策划内容包括：

直播活动目标；

脚本设计；

销售节奏感；

商品策略；

用户痛点词；

直播场景及技术支持；

直播成员。

6. 从"线下导购"转"线上主播"有何不同？

实物呈现方式与用镜头呈现人物与产品；

人在镜头中的面部表情、声音、肢体语言更为重要；

直播采用的是镜头语言来讲故事；

认知差异；

线下的面对面沟通与线上面对没有观众的镜头说话的差异；

线下无记录、线上一切都会留下痕迹；

商品策略的不同；

线下导购只要专注做销售，线上需要组合销售策略（红包、福利、气氛烘托等）。

7. 直播销售的未来发展趋势：

规范化；

高端化；

综娱化；

科技化；

跨境直播。

┌─ 练 习 ─

1. 请参照本章节内容，分别选择3个令你影响深刻的时尚产品直播间，分别是低价格、中价格段及高位价格段产品，分析他们的直播有何异同？有哪些值得你学习的方面？又有哪些是你可以吸取教训的方面？

2. 百看不如行动。请做一场直播策划，并自己实践一次，同时写下自己的实践感受。

第九章　数字营销

第一节　定义、概念与理论

一、营销

（一）营销要素（Marketing mix）❶

传统营销学理论定义营销有四大要素（表9-1），即"4P"：产品（Product）、价格（price）、地点（place）、促销（promotion）。但随着数字化、社交化的渗透，营销的要素及要素含义也都在发生变化。表9-1便是主要学者所提供的主要理论模型。这些模型也是营销学最基本的理论，它们分别被应用在不同的营销场景中。

表9-1　营销要素

时间	理论创造者	要素	说明
1964年	McCarthy Jerome❷	4P：产品（Product），价格（Price），地点（Place），促销（Promotion）	销售什么产品，以什么价格在哪里卖，以什么手段（销售）
2000年	Lawrence Elaine❸	6P：产品（Product），价格（Price），地点（Place），促销（Promotion），人物（People），包装（Package）	销售什么产品，以什么价格在哪里卖，以什么手段（销售），销售对象是谁（目标顾客），以及以什么样的包装形式

❶ Dominici G. From Marketing Mix to E-Marketing Mix: a Literature Overview and Classification[J].International Journal of Business and Management, 2009, 4(9): 17-24.

❷ McCarthy J, Perreault W D Jr. Basic Marketing: A Global Managerial Approach [M]. NewYork: McGraw-Hill/Irwin, 1987.

❸ Lawrence E, Corbitt B, Fisher J A, et al. Internet Commerce: Digital Models for Business [M]. 2nd edition. New Jersey: Wiley & Sons, 2000.

续表

时间	理论创造者	要素	说明
2006年	Prandelli and Verona ❶	3C：内容（Content），社区（Community），商业（Commerce，包含了传统的4P要素）	内容：营销内容，包括数字媒体所需要用到的所有内容，网站、社交媒体发布等； 社区：用来与顾客建立关系的空间，当下的社群、朋友圈便是一个虚拟社区概念； 商业：既传统的4P要素
2006年	Chen Ching-Yaw ❷	4P+4P 产品（Product），价格（Price），地点（Place），促销（Promotion） 精准（Precision） 支付（Payment） 个性化（Personalization） 推拉（Push and Pull）	在数字化时代，借助技术，精准选择到目标群体更为重要也更为有可行性；支付手段变得异常重要；个性化呈现，我们日常说的"千人千面"也是数字化时代的产物；推拉则指两种营销手段，"推"指由卖家主动寻求买家，"拉"则指由买家主动寻求卖家的过程

（二）营销的目的

以营销学大师科特勒的观点❸来看，营销的本质是为了"创造、捕捉、传递顾客价值"。这也解释了为什么看上去在销售同样产品的品牌，他们给消费者心目中的印象或者在他们心目中的地位是不一样的。也解释了为什么我们到目前为止一直被主流认为是"制造大国"，还尚未成为"品牌大国"。"创造、捕捉、传递顾客价值"也是品牌思维与卖货思维的区别。

随着消费市场竞争的激烈，单纯的产品交易已经无法满足消费者的需求。即使原本靠价格优势曾一度"战胜"线下渠道的线上渠道，今天也面临同样的困境，因为可以提供交易的渠道已经太多了。因此，如本书第二章"消费者"篇解

---

❶ Prandelli E , Verona G. Marketing in Rete[M]. Milan: McGraw-Hill, 2006.

❷ Chen Ching-Yaw. The Comparison of Structure Differences Between Internet Marketing and Traditional Marketing[J]. International Journal of Management and Enterprise Development, 2006, 3(4): 397–417.

❸ Kotler P, Burton S, Deans K, et al. Marketing[M]. 9th edition. NewYork: Pearson, 2013.

释的，商家的注意力正在逐步从"产品交易（卖货）"转变到"价值创造与关系维护"。

具体来说，"价值"是指：

（1）自家产品（服务）能为顾客创造什么价值？

（2）如何捕捉到顾客所需要的价值？

（3）如何将这些价值传递给顾客并说服他们相信自己可以为他们提供他们所需要的价值。

营销本质是价值驱动而非价格驱动的。营销的目的是通过"创造、捕捉、传达"，让顾客认可自己的价值。

（三）营销趋势

营销理论与实践有两个显著的趋势，即"情感营销（Emotional Marketing）"与"内容营销（Content Marketing）"，正变得越来越重要。前者是如今热门的"关系营销"与"体验营销"的基础，后者是今天所有营销的基础。没有可持续的、有价值的内容输出能力，营销在今天就很难产生效果。

1. 情绪营销

"情绪营销"指营销是为了引起顾客的情感回应与关联，这也是营销的高阶，即顾客购买产品不是因为功能，而是因为这个产品（服务）为顾客带来的情感意义。这背后的原因，也正是因为本书第一章所介绍的，进入"后现代"社会后（大约1970—1980年），商品交易从"拜物"实物交易逐步转向"拜符号"。产品符号象征意义是人们购买商品的动力。这也意味着，人们的消费从"物质属性"转向"精神属性"；从"功能导向"转向"情绪导向"。我们之前谈到的"关系营销"，最终也是建立在"情绪营销"的基础上。

2. 内容营销❶

"内容营销"是"通过创造、分发相关且有价值的内容来吸引、获得并占有消费目标群体的营销手段，其目的是获得顾客利润"❷。内容营销是数字营销时代最基

---

❶ Loredana B P. Content Marketing-the Fundamental Tool of Digital Marketing[J]. Bulletin of the Transilvania University of Brașov Series V: Economic Sciences, 2015,8(2):111-118.

❷ Content Marketing Institute. What Is Content Marketing? 2022[2022-8-15].

础的部分。我们在本章主体内容也会重点介绍这部分。

（四）营销部也是媒体部

在内容创作上，无论是数量上，还是形式或体裁上，在数字化时代，都更加多元化。最主要的原因是：以往品牌公司自己创作内容的机会比较少，基本都是通过第三方专业公司，比如广告公司、PR代理公司、专业的媒体机构等。虽然这些第三方机构依然存在，品牌公司依然可以委托第三方进行，但是今天随着社交媒体的发展，每个企业的营销部在一定意义上都成了"媒体部"，除了委托第三方出的内容，也需要自己生产很多内容。比如每天要发布的公众号，每天社交平台都要发布内容。

内容管理变得越来越有挑战性。以前的传播在品牌的可控范围内，现在允许用户在任何平台发声的方式使品牌无法再继续管控品牌内容的发布与传播，也无法限制内容的转发。这就导致了，因为内容发布不当引起的"危机事件"更多，也导致了内容管理更加严谨与重要。

（五）营销效果评估：流量、阅读量、点赞、转发、关注、评论、转化

自从进入数字化时代，数据也变得更为重要。即使作为一个原本只是码文字的创作者，现在也要学着根据营销数据来调整自己的内容策略。营销效果评估当下主要依靠以下关键数据，这些数据均可以从相关的新媒体平台后台获得：

（1）浏览量：指有多少人看到当下的页面。

（2）阅读量：指有多少人打开阅读。阅读完成率（文章）或者完播率（音频、视频）也是平台评估一个作品是否足够受目标群体欢迎的标准之一。

（3）点赞、转发、关注、评论：这4个动作是最重要的新媒体评估指标。它们既代表了互动性，也代表了受欢迎的程度。这4个指标与阅读量之间的对比也被视为一个重要的指标。

虽然从平台角度而言，其初衷都是为了确保创作者所创作的内容符合用户口味，但这种一味地迎合用户口味的做法对于内容创作者也带来了很多困扰。比如，为了提高完播率，将一个原本完整的视频（文章）剪短到几秒（短文），所以我们

会经常在视频里看到几秒的电影片段、视频片段，最终导致观众看到的都是碎片化及不完整的内容。一味地迎合，是很难产生创新的内容的。

另外各大平台也规定了"上新率"，原则上就是每天都必须要创新，这一定程度上造成了抄袭与模仿成风。毕竟，再强大的团队，要保证1年365天，连续数年每天创新作品都不是最可行的。所以一定程度上，平台的游戏规则造成了一定的内容质量的下降。

"转化率"的意思则是多少位顾客最终付款购买产品或者服务了？

"拉新"在传统时代是指"获得新客人"。

二、数字化营销

数字化营销包括以下渠道的营销：

（一）品牌官网

虽然很多中小企业并没有建立自己的官网，且官网被广泛认为非常传统的模式，但是官网依然是数字营销中不可或缺的部分。品牌官网很少能直接带来交易，但是对于树立品牌形象依然有着重要的价值。因此知名品牌也都会通过自己品牌官网发声。

（二）SEO搜索引擎

"SEO"代表"search-engine-oriented"，搜索引擎营销。当我们在百度、知乎、小红书上搜索时，其背后技术便是搜索引擎。搜索引擎也是一个技术活儿，需要企业用户通过购买关键词，以便让顾客在搜索相关关键词时，能让顾客找到商家的相关产品。关键词通常按费用排名，付费越高的商家排名可能会越在前。但是如何让自己的排名在前而同时还能对支付预算有着良好的控制，需要一定的专业知识。SEO在传统时代用得比较多，今天随着社交平台的兴起在国内使用量没有那么多。主要还是跨境电商、外贸用得比较多。因为SEO在国外市场还是非常主流的营销手段。

（三）社会化营销

也就是我们前两章的介绍内容。包括了私域（官网、APP、小程序、公众号、社群、企业微信朋友圈等）、公域（微博、抖音、小红书、快手等），以及社会化营销部分。

三、营销与销售的区别与关系

理论上来说，营销（marketing）与销售（sales）的区别是比较明显的：

（1）营销是花钱的部门，销售是赚钱的部门。

（2）营销重点是通过各种营销策略与手段提高品牌价值，即我们前面所谈到的"创造、捕获与传递顾客价值"，而销售则是去交易商品（服务）。

但是，随着数字化营销的普及，"营销"与"销售"的重叠度也越来越高。这其中，直播带货是最好的案例。直播既是销售，也是广而告之的机会。这也是今天让营销部门比较困惑的方面：看上去，营销也开始承担销售业绩了。

四、营销内容分类：UGC与PGC

按照内容产出方式，营销内容又可以分类为："UGC"代表"user generated contents"，即"用户产出内容"；"PGC"代表"professional generated contents"，即"专家产出内容"。

（一）UGC

对于所有平台方而言，来自个体创作的内容，包括主题内容以及用户评论，都可以被视为"用户产出内容"。UGC理论上应该是顾客自发创作的内容，但随着市场竞争激烈的白热化，所谓的UGC内容也可以是背后由专人或者机构进行组织、策划的。曾经非常嚣张的一种所谓"公关"行为——雇佣水军来炒作某件新闻事件借此达到"出名"的目的就是这样一种行为。好在国家层面也注意到这种不健康的营销行为，对网络空间也开始进行普法性教育与合理合法治理。

（二）PGC

相对于UGC的自发性与随意性，PGC则更有组织性与专业度。一个人可能在自己擅长的领域是以PGC形式产出内容的；在自己不擅长但有利益关联或者有兴趣的，可能是UGC形式产出内容的。比如，当我们作为消费者购物留下评论，我们是UGC；当某家机构想请专家来点评当下的某些消费行为，那么专家则是以PGC产出内容。

确切地说，社交媒体最大的特点便是给了人人一个发声的渠道与机会。这一点和传统时代是非常不一样的，但其优缺点也都是明显的。一方面，它让人们相互之间的沟通更加便利了，让好事坏事都在第一时刻被曝光出来；但另一方面社交媒体上也制造了大量的垃圾信息与伪科学、伪知识与伪信息。这一切都大幅加剧了品牌管理市场信息的难度。

第二节　数字化营销与传统营销时代的差异

数字化时代的营销与传统营销就有何区别？毕竟，时尚行业还有很多传统企业，因此了解到两者之间本质的区别很重要。很多企业（特别是中小企业）和老板到今天还是觉得数字营销就是把传统时代的营销内容搬到线上即可，其实这是对数字化时代营销的极大误解。

以下部分的理论框架，主要来自营销大师科特勒的书《营销4.0：从传统到数字化》[1]。根据本书，数字化时代营销与传统营销的区别主要有以下几点（表9-2）。

表9-2　传统营销与数字化营销的区别

内容	传统营销	数字化营销 （1.0版）	数字化营销 （2.0版）
XP	产品、地点、价格、推广	产品、地点、价格、推广、参与	产品、地点、价格、推广、参与、价值

---

[1] Kotler P, Hermawan K, Iwan S. Marketing 4.0: Moving from Traditional to Digital [M]. New Jersey: Wiley, 2016.

内容	传统营销	数字化营销（1.0版）	数字化营销（2.0版）
核心原则	以"产品"为核心	以"用户"为核心	以"价值"为核心
目标	销售产品	用更好的产品与服务保留顾客	提升忠诚度，提升可持续发展
驱动器	营销者	用户	用户与数据
营销理论	产品是王	差异化是王	用户体验感
互动性	一对多	一对一	多对多
数据	集中在某个部门	半自动获取	系统化的、自动化的数据收集
目标	利润	利润、人	利润、人、星球

一、XP

XP，指的是"几个P"。P是英文单词的首字母。X代表数字。

如前所述，传统营销时代是4P：它们分别代表着"产品（Product）""地点（Place）""价格（Price）"与"推广（Promotion）"。

在数字化营销时代的1.0版本，4P变成了5P，在4P的基础上，增加了"参与（Participation）"。意思是"用户参与感"的增加。这点本书第一、二章也都介绍过，此处不再赘述。

而在数字化营销2.0时代，5P变成了6P。在前面5P的基础上，增加了一个"价值"。这里的价值，更多指的是以社会责任感为主的价值观，这也呼应了我们在第五章"制造供应链"部分所涉及的"CSR/ESG"部分，并且本书最后一章节也将对此做更多解析。客观地说，目前我们国内大多数鞋服企业还停留在1.0时代，尚未到达2.0时代。但我相信，5~10年内，我们更多的企业也将走向2.0版本。

二、核心原则

"核心原则"的意思是营销系统中的核心是什么？在传统时代，营销的核心是

"产品"。这点很容易理解，就是把产品做好，然后卖给目标顾客群体。而在数字化时代，"用户"才是核心。这个意思，并不指"产品"不重要了，而是传统时代，商家是自发地研发与制作他们以为消费者会喜欢或者需要的产品；而数字化时代，商家是根据更加丰富、庞大、完整的用户数据来决策应该研发什么产品。如果说传统时代，商家是根据自己的经验来判断消费者需要什么；如今，商家是根据客观的、更加完整的、及时的用户数据来理性、客观地判断消费者需要什么产品。这就是"以用户为核心"的含义。

"以用户为核心"的另外一层含义则在为用户提供产品以外的增值服务上。以服装品牌为例，传统时代，企业只要做好产品与售后服务，就基本可以让顾客满意。但如今，商家提供了更多的增值服务，比如为顾客提供穿搭服务、上门整理衣橱服务、提供沙龙社交活动机会等，这一切，也是以用户为核心的体现。

"以用户为核心"的第三层概念则在于为用户提供个性化、定制化的产品与服务。能够做到这一点，也是因为数字化与科技化的结果。

而到了数字化营销 2.0 时代，核心原则则是"价值"。就像第五章及上部分提到的，除了满足顾客的情绪价值需求，"价值"也包括今天企业不再是像传统时代仅仅满足投资人、股民或者其他利益相关者（如供应商、员工）的利益为主，而是更广泛地考虑到对地球、社会、自然环境、贫富差异问题的价值。换句话说，商业机构的盈利，应当以不伤害环境（自然环境、人文环境，比如贫富差异、劳工工作环境）等为前提。也正因如此，可持续发展、ESG 议题也是如今时尚行业所关注的话题。

三、目标

因此在营销目标上，从传统时代到现在也发生了很大的变化。传统时代，大家都是以卖货为主。而数字化营销 1.0 时代，这个目标则是"用更好的产品与服务保留顾客"，也是我们行业内经常说的"提高用户黏性"及第一章提到的"关系营销"。而到了数字化营销 2.0 时代，我们的目标则是提高可持续发展。换言之，不仅仅看短期的盈利与企业发展，更应该看长期发展的价值。

四、驱动器

在传统时代，营销部门就是营销工作的驱动器。今天，用户才是驱动器。而未来（2.0时代），就是"用户+数据"驱动。事实上，这两者有一定的重合度。因为用户画像大多来自数据本身。但两者表现形式并不尽相同，前者是人，后者是数据。

五、不同营销理论

传统营销时代，号称"产品是王"。数字化营销1.0时代，则强调"差异化是王"。举例来说，我们现在作为消费者去网上买东西，每个人看到的无论是APP页面还是网站页面，很可能是不一样的。系统后台是根据用户的消费习性与喜好智能推送。这就是"差异化"销售的一种表现形式，也是业内所称的"千人千面"概念。

而到了2.0版本，"用户体验感"成了重点。这点，行业内人士并不陌生。如果说，线上目前主要还是"卖货"，而线下店铺的优势则就在"体验感"——这种体验感也可以被理解为一种能让消费者通过五官（视觉、听觉、嗅觉、触觉与味觉）体验到的愉悦感，也就是我们说的一种美感。随着技术的发展，比如AR、VR技术的发展，以及虚拟IP、直播主播等的出现，线上未来的体验感也同样会大幅增加。

六、互动性

传统时代，企业的营销基本是"一对多"的对话。而1.0时代，则是"一对一"。一对一的意思是，随着社群、私域领域（朋友圈）的出现，我们也可以与顾客建立一对一的联系。而在2.0时代，这种关系将发展为"多对多"的关系。也就是品牌与用户，用户与用户之间也可以产生多方位关联。

"互动性"具体的含义与表现又是什么呢？

比如传统杂志其实是一个单向沟通的媒介。创作者大多是把自己想表达的内容，或者他们以为读者有兴趣阅读的内容通过杂志发布出来。很多传统杂志转行数字媒体时，只是把原本印在纸媒上的内容以电子文件形式表达出来，结果发现读者并不因此买单。原因就是他们没有真正理解数字媒体与传统媒体的区别。在数字媒体中，读者不仅仅是读者，也是参与者。而这点在传统时代是很难做到的。

（一）运营层面

通过社交媒体，用户可以随时随刻在品牌或者商家的账户下进行评论，这种评论即可被视为"互动"的一种具体表现。而商家在发布内容的时候，也都需要考量怎么写（做）才能引起与用户之间更多的互动。如前所述，互动多了，才更符合平台的运营规则，才会获得更多的流量。当然，互动也不仅是为了流量，也是一个与用户沟通的时机。通过这样的互动多了解用户需求，或者解决他们的某些问题。

当然，从商家角度而言，他们希望这样的互动都是积极与正面的，而不是造成某种危机或者负面反馈。

（二）指商业策略层面

如前所述，社交媒体改变了商业运营逻辑。它主要改变了两点：从"产品"思维到"用户"思维。因此，传统时代营销的起点是"产品"，而今天营销的起点是"用户"。传统时代，营销在产品开发完成后再启动，今天营销与产品开发可以同步进行。商家可以通过营销手段与消费者互动并引入他们对产品开发的反馈，让他们参与到产品开发中来。第一章的介绍便是一个好案例。

（三）营销及管理理念层面

传统时代，公司销售业绩是由销售部门来完成的。如果是电商，则一般由运营人员负责销售，这其中可能还会有客服人员的配合。但今天，借助着数字化工具与社交媒体，已是"人人皆销售"的状态，这也让互动关系更为复杂。这也是本书前面章节已经介绍的概念。此处不再赘述。

七、数据的存储与使用

传统时代，数据只是停留在某个部门，基本上是每个部门都有些相关数据。这些数据大多手工操作而成，然后被储存在某个部门或者某些个人的计算机硬盘上。而到了1.0时代，数据收集与管理更多转向信息化与自动化。这个与当下的数字化转型相关。但是，到目前为止，完全自动化的还是非常少的。很多传统行业还是依靠大量的人力来收集数据，甚至很多中小企业几乎没有数据。

而到了2.0时代，数字化将更趋向于系统化与自动化。

八、企业目标

企业目标也需要随着只是"盈利"，只对股东负责的模式，转向以更加可持续的方式（ESG模式），不仅为股东负责，也要为员工、供应商、合作方、社会等负责的目标运营。

九、一个人可以成为一支队伍

最后，数字化营销的技术手段发展，可以让一个人就成为一支队伍。这个人可以做采编、视频剪辑制作、校稿审核再去发布等，也就是我们通常说的"自媒体"。

十、人们的生活因为数字化而更趋向于"节日化、艺术化、风格化"

数字化不仅改变了企业，也改变了个人的生活方式；而个人生活方式的改变又影响了企业的营销策略。

法国马克思主义哲学家亨利·列菲弗尔（Henry Lefebvre，1901—1991）在其1987年经典作品《日常生活》❶中就提到，人们的日常生活正在经历商品化，商品化又激发了更多的"消费"。具体来说，正是因为人们的日常生活正在经历节日化（festivalization of everyday life）、艺术化（artification of everyday life）、整体风格化（holistic stylization of everyday life），因此才得以有了更多的消费。❷

通俗易懂地理解这段学术陈述，就是我们的生活增添了更多的"节日化"和"艺术化"，这些"仪式感"可能是通过某些媒体灌输给我们的，也可能是某些个体用自己的创意创作出来的，但无论如何正是这些看似日常的生活才产生了更多的消费。

虽然列菲弗尔时代还没有社交媒体，但是他的理论用在今天依然恰如其分（这也是经典理论的魅力，不管时代如何改变，社会的本质总还是那些）。比如时尚穿搭博主最早就是把个人生活方式"暴露"给公众，这些没有品牌官方大片完美却有着真实生活气息的照片最终得到了意想不到的收获。这些图片的发布也许

❶ Lefebvre H, Levich C. The Everyday and Everydayness[J]. Yale French Studies, 1987, 73: 7-11.
❷ Suh S. Fashion Everydayness As A Cultural Revolution in Social Media Platforms-Focus on Fashion Instagrammers[J]. Sutainability, 2020, 12: 1-18.

刚开始是无意的，当它们开始带有商业动机后，就变成了精心策划的节目了，也就是列菲弗尔所说的"节日化""艺术化""风格化"的含义。这些看似日常实为精心策划的"节目"在今天的社交媒体上即使称为"泛滥"也不为过，并且也成为今日营销的重要策略。

第三节　组织架构、职责与常见问题

一、组织架构

（一）组织架构主要类型

各个公司的营销部门架构设计差异非常大。总的来说有以下三种类型：

1. 数字媒体时代诞生的中小型公司

如果是数字媒体时代诞生的中小型公司（主要指近10年诞生的公司）一般有一个新媒体部门。新媒体主要负责各大社交平台（时尚公司主要以小红书、抖音、微博、公众号为主）的内容输出与运营。运营则主要负责数据分析，以及对外拓展KOL、网红等推广渠道。

2. 传统型中小公司

如果是传统时代诞生的中小公司，有的没有市场部，有的就设定市场部，但运作可能还偏向传统。主要就是负责产品目录，组织些小型活动，找一些网红代为推广些内容等。就总体而言，因为营销涉及花钱推广，大部分中小企业的营销部比较"简陋"。

3. 大型公司、知名品牌

大型公司、知名品牌的营销部则显得既豪华阵容又非常复杂与细分。下面是一般中大型公司的相关部门设置。

（二）广告部

广告部主要负责广告的创意、制作、拍摄与投放。不过一般品牌公司并不会自己亲自参与所有制作过程，而是委托给第三方专业的广告公司具体做执行。

（三）PR公关部

随着社交媒体的流行，PR（Public Relation）的工作正变得越来越重要，是大型品牌公司不可或缺的部门。很多人对PR工作人员有着误解，觉得PR就是靠陪客户喝酒搞定客户关系的那类人。事实上，时尚公关是非常专业同时也是辛苦的工作，他们主要负责"公共关系"的建立与维护。这里的公共关系原则上最主要指"顾客""市场"，但与顾客市场关系的维护主要依靠"媒介"。这里的"媒介"既包括传统媒体（比如时装杂志），也包括社交媒体时代的网红、博主与KOL，当然还有时尚圈不可忽略的明星资源。

PR关系维护，既有赖于内容的创作、输出与投放，也包括活动的整体策划与组织。

另外，对于大型公司，公关也有自己的供应商，比如负责具体落地执行的公关代理公司，还有提供具体物料的公司（海报、活动道具等）。

上市公司通常还有专门负责政府关系的PR。不过这类PR通常和负责面对市场的PR是两个部门，但它们也属于PR工作内容。

（四）活动部

知名品牌也经常通过大大小小的活动策划来做营销。大型活动包括诸如时装秀、请明星到店助阵做活动等；中小型活动可以是邀请VIP顾客到店参加沙龙活动。对于体育品牌公司则常常围绕着重要赛事做些活动，比如马拉松赛。不过当线下活动受限时，品牌公司也考虑了些轻量级的线上活动。诸如在朋友圈转发某条内容可以获得某项福利，或者线上沙龙对谈活动等。

（五）数字媒体部

有的公司数字媒体的工作内容是被打散分布在以上板块里。有的会单独成立数字媒体（也可能叫"新媒体"），具体会涉及内容、渠道与运营三大主要板块。

（六）CRM部

由于"关系营销"的重要性，CRM也变得更为重要。不过CRM放在哪个部门，各个公司做法依然不一样。有的放在"客服部"，有的放在"营销部"，有的放在

"数据部"。放在这几个部门都有一定的道理，但无论在哪里，CRM都已经成为不可忽略的部门。CRM部门主要负责用户数据收集与分析，并通过数据来决策来提供用户画像信息，以及与客户关系维护的策略（精准营销策略等）。

如大家所看到的，营销部工作内涵正在变得更加庞杂，因此，部门与部门之间的交集也会更多。从整个营销战略层面而言，各个同事之间的协同作业越来越重要。最终，营销部的决策者需要具备强大的整合能力，能够有效计划、策划、组织并执行好一套方案。

超大型的品牌公司（比如跨国公司）还会将营销部门细分为以下业务单位。

（七）产品营销部（Product marketing）

这个部门主要配合产品部做好新产品上市的营销推广。既汇报给"产品部"，也汇报给"市场部"。

（八）零售市场部（Retail marketing）

这个部门主要配合零售部做好相关市场推广工作。具体包括店铺活动执行，根据店铺销售情况策划相应的市场活动等。

（九）品牌市场部（Brand marketing）

这个部门则跨越了部门，主要以品牌推广为主。

除了按具体业务部门细分市场部外，大型营销部门还会细分为以下部门。

（十）计划与预算部

该部门专门负责营销部1年的计划方案，比如具体什么时候要执行什么活动，内容策略、渠道策略，最重要的当然是预算分配方案等。有了计划，其他相关部门再按这个计划执行。

（十一）创意部

营销部总体涉及很多策划内容因此也非常需要创意。因此有的营销部也会设置专门的创意团队岗位。不过大多数公司的创意策划是外包给第三方公司做的。

（十二）关联部门

营销部的关联部门非常多。对内其服务对象主要是零售部（销售部）与产品部，与职能部门HR、财务关联也较多。营销部门是一个对外联络较多的岗位，对外需要与媒体、PR代理、明星，其他内容、物料或者活动供应商合作。

二、人才要求

（一）创意

营销虽然原则上不设计开发具体产品或者服务项目，但是经常需要策划广告、活动或者其他内容，因此需要较强的创意能力。

（二）语言表达能力

营销人才需要具备良好的语言表达能力，包括文字与口头表达能力。营销人的工作大多涉及对外发言，无论是正式还是非正式的。在这个传播力盛行的时代，任何品牌的工作人员发言不够谨慎，都可能为企业带来公关灾难。在营销学、传播学、公关学里，写作与沟通都是必备技能。

（三）新媒体创作与制作

熟悉新媒体创作与制作。特别是对于中小型公司，对新媒体人才要求几乎是"全能型"选手。一个人不但要能写，还要能策划、拍摄、剪辑及制作视频。

（四）团队协作能力

营销人需要非常好的团队协作能力。如前所述，其工作涉及的关联部门与人员很多，若不擅长协作与沟通，很容易产生问题。

（五）吃苦耐劳

营销人还需要吃苦耐劳。首先因为社交媒体时代，信息的发布可能是随时的，特别是有突发新闻事件，可能就需要趁着这波热度立刻写稿发稿；如果是涉及自家品牌的新闻事件，那大概率会需要通宵作业。如果涉及线下大型活动，可能还需要一天飞几座城市的行程。总之营销人需要良好的吃苦耐劳精神及体力。

（六）有趣

做营销人也会有其他部门少有的乐趣。对于品牌公司而言，除了专业上的成长外，最大的乐趣在于与多元化背景的人沟通及合作。只要本着真诚交往的态度，大多都会最终获得较为丰富的市场资源，比如明星经纪人资源、媒体资源、供应商资源等。

三、痛点问题

营销人才当下最大的痛点则是面对当下的市场传播往往缺乏掌控力的感觉。如果说传统时代因为所有媒体渠道都是通过正规的媒体机构传播的，机构数量毕竟有限，而且机构发布内容也有自己严格的流程与标准，今天自媒体的发达导致内容传播很容易失控。这种失控主要体现在以下五个方面：

（一）内部事件演变为公众事件

因为企业内部工作人员不严谨发布或者不恰当行为，而现场人员的拍摄或者截屏导致原本的私人事件发酵为公开事件，诸如此类事件在过去我们见证了许多。比如内部员工通话录音或者截屏、老板给下属的回复，或者某个员工对某件公共事件的评价，可能最终都会导致原本一件内部事件演变为公共事件。

这就使企业必须对全体员工做品牌营销与公共关系教育，让所有人意识到，个人在任何场合（即使是私人场合）的不当发言都可能为自己与企业带来灾难性的危机。因此，学习严谨、谨慎发言变得越来越重要。

（二）内容发布不严谨

营销部门自身发布内容不严谨也可能导致危机事件。传统时代，知名品牌公司在对外发布内容时往往是斟字酌句的，但是轮到凡事都要抢时间的社交媒体时代，一些快速反应反而让内容未经严谨推敲就对外发布。这都有可能导致问题的发生。

（三）内容被误读

类似的问题也非常多。社交媒体时代，人人可发言，人人可传播。同样读一段话，不同背景、心态的人可能解读的结论不一样，导致某些内容被误读从而导致问题的爆发。特别是知名品牌更容易引发这类问题。

（四）顾客或者合作方的不当行为引起大众误解

对于知名品牌，自家顾客或者合作方的不当行为，也可能引火烧身。所谓"枪打出头鸟"。一些知名国际品牌因为供应商工厂曝出违法雇佣劳工的现象就是类似的案例。违法雇佣劳工的工厂也许并不仅局限于这些国际品牌，但是因为它们是知名品牌人们对它们的期望自然也更高，虽然看似不是品牌自身的问题，但至少说明它们在甄选合作伙伴时也要考虑法律、操守行为等问题。

（五）竞争对手

社交媒体时代还孕育了一种品牌公司的"另类关注者"，业内称他们为"黑粉"。黑粉虽然其实属于一个上不了台面的词汇，但在行业内是一支不可被忽略的力量。他们大多来自竞争对手。某些社会事件背后也离不开黑粉的操作。这也是知名企业必须小心防范的人群。

 孙来春：如何用中国文化在数字化时代讲好中国品牌故事？

第四节　内容策略

如前所述，"内容营销"如今已经成为营销中的基础性工作，无论是图片拍摄、图文创作还是视频策划剪辑制作，其本质都是在做内容创作。

首先，我们需要深刻理解，传统时代的内容创作与新媒体时代究竟有哪些不同？从当下公司的新媒体发布来看，可以明显看出传统媒体转型的新媒体机构，与新媒体时代诞生的新媒体机构，以及自媒体各自存在着不同风格。传统媒体即使在使用新媒体创作内容时依然保留了自己的传统特色，而这些传统特色在诞生于新媒体时代的媒体中是看不到的。

一、传统时装杂志与新媒体内容写作的不同

（一）写作流程的不同

传统时装杂志传统时代写稿基本是团队内部策划主题随后再做执行。虽然这种策划理论上也不是盲目的，他们通常会结合当下的社会或者行业热点，或者趋势性问题进行探讨。这种模式更属于"内容导向"。什么是我们认为的"好"内容，就该推给读者。

而新媒体创作内容大多首先进行内容数据分析，通过分析文章打开率、阅读完成率、转发率等数据梳理并总结什么样的内容是受读者欢迎的，并按照这个内容示范形成自己所谓的"套路"或者"模板"，将内容创作视为"工业化产品"，或者流水作业，无论谁来写，按照这个套路或者模板创作即可。这种导向是"用户导向"——什么受读者欢迎，我们就写什么。

（二）优先顺序的不同：策划大于标题，标题大于内容

在当下的社交化商业时代，内容策划比标题更重要，而一个好的标题比内容更重要，这一切是由社交媒体的属性决定的。在这个信息爆炸甚至也可以说是信息杂乱的时代，任何在多而杂乱的信息中一眼抓住读者的注意力让他们愿意进一步了解你所创作的内容变得尤为重要。一定程度上，称现在是"眼球时代"也不过分（虽然这不代表"眼球时代"就是正确的现象）。也因此，策划本身吸引人，最好能吸引人积极参与，标题愿意让人打开，是第一步。如果内容本身再好，标题不吸引人，就是浪费了一篇好内容。不过，眼球时代也确实产生了一定的负面效应，导致哗众取宠或者名不副实的标题泛滥。

（三）写作态度与目的的不同

两者的写作态度也不甚一样。传统时代成长起来的媒体、记者或者编辑大多经过专业训练，因此在创作上依然会秉持"专业"态度，比如，对于所写内容要进行事实调研或者溯源调研（找到事件发生的源头确保事情属实）。而自媒体人很多并没有经过这样专业的训练，写作目的也大多只是为了追所谓的流量，因此并不在意内容真实性、专业度与可靠度。

（四）写作价值观的不同

传统媒体的创作是需要在价值观的基础上进行的。比如就总体而言，需要在尊重事实的基础上保持一种能让社会积极健康发展的价值观。但在自媒体时代，为了博眼球，造假、夸张、抄袭、拼凑等写作手段都是为了博取眼球而已。可以说，新媒体时代，同时也产生了大量垃圾内容。

（五）文字风格的不同

这个是很多传统媒体人士在转型社交媒体时一个很大的困惑。传统媒体强调专业，所以他们无论是文风还是表达形式都是比较严肃的，这样的表达虽然足够专业，但同时也让人有距离感。社交媒体需要的是内容足够专业，但是表达形式又是很接地气（偏口语化）的方式。本章节后的第一个奢侈品销售文案案例，也是一个示范，说明了自媒体做销售与官方媒体做销售的区别。

（六）写作形式的不同

《理解媒介：论人的延伸》一书❶中曾谈到，媒体传播中，人们往往只注意到内容本身，却忽略了媒介形式也在影响着人们阅读及思考习惯。比如从读"书"时代到今天的读"手机"时代，从"书"到"手机"就是媒介的改变。这种媒介的改变也改变了人们的阅读习惯。比如今天的人们更适应阅读短文、碎片化的内容以及短句。因此，今天在新媒体时代，我们经常看到一两句话就是一个段落的

---

❶ 马歇尔·麦克卢汉.理解媒介：论人的延伸[M].何道宽，译.南京：译林出版社，2019.

写作形式。

另外，排版在当下也变得尤为重要，特别是对于时尚品牌。时尚本来就与美相关。无论是文字的字体、大小、排版，还是所配用的图片，如果没有匹配上与品牌定位相符合的风格，那么也会让人不想阅读。

排版还有一个更重要的功能是为了让内容在手机上易于阅读或者观赏。特别是在内容的层次感上表达（一级内容、二级内容等），重点非重点区分上，都要有更清晰的体现。

二、用内容创作"讲故事"

"讲故事"是内容营销的一个重要手段，也是与读者（观众）建立的"情感关联"，让消费者感受到愉悦感的主要方式。无论采用视频、音频还是图文形式的创作，其本质上都是在"讲故事"。国内很多企业做品牌都是理论上知道要"讲故事"，但事实上它们很多也只是在"编故事"。这一定程度上解释了为什么国内品牌的品牌价值相对都比较低，这种差距并不在产品制造工艺上，而是它们无法与消费者之间建立情感联络。

但"讲故事"不等于"宣传"。很多商家对营销的理解就是"宣传"。"故事"却并不等于"宣传"。宣传只有理念和口号，故事则有人物、场景与情节。宣传的目的是"广告"，讲故事的目的是与读者建立情感联络。也因此，唯有"打动人心"的故事才是"好"故事，也才能与读者建立真正的情感联络。

所以，如何"讲故事"呢？

（一）明确你的读者

案例：七匹狼与Hugo Boss

七匹狼官网中的"企业简介"，主要介绍了企业投资业务范围、拥有哪些优越硬件条件（比如，拥有"国内领先的产品检测中心和高科技实验室""通过大数据串行的……物流园区"等）、品牌成立时间与商业模式，以及企业所获得过的荣誉等。

同是男装的Hugo Boss官网上的品牌介绍则主要体现在一个叫"boss story"的板块里。里面包括了其最新产品介绍、西服的穿着与造型方式的内容，以及品牌是如何把控品质以保证其产品始终稳定保持在高水准上。

两者比较下来，可以明显看出七匹狼的品牌简介是给企业客户看的，而Hugo Boss则是给普通消费者阅读的。

因此，目标群体决定了要讲什么故事（内容）？如何讲（叙事风格）？以及为什么讲（营销目的）？

（二）故事必须有说服力

1. 案例A

"（某）公司创立于（某）年，是一家集服装设计、生产、销售为一体的，具有先进经营管理理念和深厚文化底蕴的企业。公司秉承'多方共赢，服务至上，追求卓越'的经营理念，创造'诚信、务实、高效创新'的优秀企业文化。本公司拥有一批专业的设计团队、高素质的管理人才和一支技术精湛的市场队伍，依靠着具有东方文化内涵与时尚服装设计的团队、专业的管理队伍以及丰富的行业经验与在业界取得良好的口碑。"

对于大多数读者来说，这个简介可以放在任何一家服装公司的品牌介绍里都看似很"适应"，而且事实上很多企业也确实采用了类似的模板介绍企业。这类内容不会给人留下任何深刻的印象，自然也不会让人记住这是哪家公司。因为整段话里，只有空洞的诸如"多方共赢、服务至上"之类的口号与理念，没有任何实际内容，更不要说有打动人心的内容了。

2. 案例B

"李宁公司是中国家喻户晓的'体操王子'李宁先生在1990年创立的专业体育品牌公司。作为中国领先的体育品牌公司之一，拥有完善的品牌营销、研发、设计、制造、经销及零售能力……截至2020年6月30日，在中国，李宁销售点数量（不包括李宁YOUNG）共计5973个，并持续在东南亚、印度、中亚、日韩、北美和欧洲等地区开拓业务。李宁公司于2004年6月在中国香港上市（股票编号：02331.HK）。"

这段话中，明显要比案例A有内容得多。它包括了具体数据、具体市场名字。用翔实的数据来支撑自己的观点、结论或者介绍，明显有更强的说服力。

"创新是李宁品牌发展的根本，也是持续提升'李宁式体验价值'的关键。李宁公司自成立之初就非常重视原创设计。公司于1998年率先在广东佛山成立国内首家服装与鞋产品设计开发中心，并先后在中国香港、美国波特兰、韩国成立设计研发中心。同时，李宁还与国内外各大知名高校和研究机构保持密切合作。"

这段话的中心思想是"创新"，但它没有像案例A那样只是空洞地用了"创新"两个字标榜自己创新，而是呈现了具体的证据。这些证据包括了"早在1998年就成立设计中心"；并在国外其他机构成立"设计研发中心"；且还与相关大学合作研发创新产品。换句话说，一个有说服力的故事，既要有论点也要有证明论点的论据。否则就会让读者感觉假大空。

如果李宁能够再补充说明每年企业花费在产品研发上的费用占比销售收入是多少，且该比例与同行相比属于什么排位，则将更有说服力。

（三）主语是"我"还是"企业"

如前所述，当下的社交媒体时代，属于"人格化"时代。一个拥有人格魅力的个人，远比一个知名企业更能在社交平台上吸引个人的注意力。这也是为什么社交平台上，个人网红的粉丝量大多远超过一般企业。这后面的原因有很多，其中一个技巧原因就是企业都喜欢用集体名词（企业名、员工们、领导们、品牌名）做主语；而个人网红则用"你、我、他/她、我们"这些更加有个体感的代词来发言。从语言角度而言，后者更容易令人产生亲和感。

（四）讲"硬"的部分，还是"软"的部分

再以国内外服装院校的官网介绍来解释这一现象。纵观国内服装院校的简介，都会将学校的"硬件条件"作为重点陈述：比如本校多少公顷地、多少幢大楼、什么级别的实验室，有多少拥有高级职称的教授、院士等。而西方的时装院校，则更倾向于叙述院校发展历史，大多起始于创始人的故事；学校出过哪些知名校友，他们去了哪些知名企业等。

这就是讲故事是要呈现"硬"（硬件）还是"软"（人文）的内容？不同内容的呈现，触及人的情感部分不一样。数字让人觉得客观且有说服力，但同时又缺乏情感触动，让人觉得过于冰冷；关于人的故事更吸引人但如果过多可能会让人觉得个人情绪过多。因此，如果要讲一个生动又有说服力的故事，在内容呈现上可以"软硬兼施"。

（五）故事需要有人物、场景、情感

（1）以七匹狼企业官网上的介绍品牌的视频为案例：视频以"创立于1990年，不断致力于成为现代市场生活的引领者"的一句画外音开场，画面则显示的是品牌所获得过的各种荣誉，比如"2017年入选首届CCTV中国品牌榜""2012年入选最具价值中国品牌50强""并连续18年在中国夹克市场占有率第一"。接着镜头转换到企业集团的楼宇及内景拍摄，同时画外音则重点介绍了企业业务板块主要包括了"时尚""金融""投资"等；视频最后介绍了精英设计团队成员，不过只介绍了他们的抬头与名字；最后镜头以七匹（真）狼做背景，"挑战人生、勇于回头"与"相信自己，相信伙伴"两句口号语结束。

（2）杰尼亚（Zegna）的官网视频则是这样介绍自己的：影片开端是一段黑白历史纪录片，呈现的是3个男性（其中之一是创始人杰尼亚先生）排成一排走在泥泞地上，后面跟着一群羊，配音说出创始人的名字，以及创始人的"最初梦想是制造文明世界的精美面料"。

就这么一个开场白，立刻将观众的情绪拉入历史，且因为有创始人物的出现，而不是建筑大楼，更能触及人的情感神经。

画面随后切到了早期的面料纺织厂及正在做工的工人，随后以蒙太奇手法转换成了彩色画面，呈现了现代化工厂，以及现代柏油马路，配音解释了创始人的"公益愿景及社会责任感"。因为在家乡创业成功，创始人又将收益回馈家乡修好了长期泥泞的道路，以让自己的家乡能够与外界有更便利的交通。

从讲故事技巧而言，七匹狼是在用"宣传"手段宣传自己，而杰尼亚则是在用"讲故事"的手法体现其人情味与故事感。杰尼亚的叙事方式有故事情节：有具体人物（创始人），有情节（创业故事），有场景（泥泞的道路、破旧工厂等）。

（六）修辞：明喻还是暗喻

修辞是一个很重要的写作手法，这点对于讲故事一样重要。比如上述的七匹狼视频的最后画面是雪地中的七匹狼，文字则是"挑战人生、勇于回头"，其实就是用狼的精神比喻品牌精神，不过这个算是一种明喻。杰尼亚在修辞上表达更加内敛与含蓄，与其一贯低调内敛的品牌气息还是相符的。

（七）是讲真实的故事，还是完美的故事

耐克创始人菲尔·奈特写的《鞋狗》是自己的传记。这本书主要叙述了主人公从创立及发展耐克公司的过程中所遭遇的起起伏伏。故事的时间段主要集中在1960年到1980年期间。叙事主要着墨于公司创业前十几年所遭遇的各种危机、挑战与事故。这本书里体现的几乎都是作者的纠结、焦虑，以及遭遇的嘲讽、鄙视、失败，以及濒临倒闭、被信任的朋友背叛等负面事件。在这本书里，读者几乎无法体会到其作为创始人的风光与自豪。但读者读后会产生极大的共鸣，特别是如果读者自己也有创业经历的话，也许会感受到一丝安慰——毕竟，这么顶尖的创业者当年也是这样一路走来的。

故事的真实性对于读者来说很重要，但是很多品牌在讲故事时只愿意呈现"完美"，这也是很多品牌故事难以打动人心的本质性问题——只有真实才能打动人心，但真实必定涉及缺憾与不完美。勇于呈现自己的不完美、挫折、纠结才是"讲"故事而不是"编"故事。

（八）故事情节是否有冲突感

案例：熏若品牌❶

熏若品牌是一家蒸蒸日上的设计师品牌，由一对姐妹花创立。她们第一个视频的主要内容如下（根据视频录音整理）：

"熏若品牌是由姐妹熏与若于2011年创办的中国独立设计师品牌。至今已经在米兰、上海、迪拜很多的国际时装周发布……熏若品牌得到了众多一线明星的青睐，也是时尚杂志媒体的常客。创始人熏和设计师若本科毕业于浙江理工大学服装学院艺术设计专业，硕士毕业于意大利的马兰戈尼时装学院……刚毕业就成立了自己的品牌，同时开始了线上销售。再后来花费了5年的时间梳理品牌定位，最终形成了自己的品牌风格……"

以下是她们在我建议她们加入个人创业故事，修改后的第二个视频的脚本：

"我相信很多人都有一个服装设计师的梦想……刚上大学的时候，我很想开服

---

❶ 来自冷芸时尚圈社群群友案例。视频文本与素材来自创作者，视频由冷芸时尚圈剪辑。

装店，却发现没有使用资金。就自己拿出一部分生活费去批发市场，进了一批复古饰品，在寝室门口0元成本摆地摊卖9.9元的饰品……就这样赚得了第一桶金。"

同样的素材，用不同的叙事内容，可以明显感受到A案例更加适合宣传，B案例更适合在消费者中传播。原因是B案例采用了"讲故事"的手法，其采用了第一人称，并加入了故事情节，更重要的是，情节还有"冲突感"。这个"冲突感"就是她们0元成本起家，随后通过摆地摊卖9.9元的饰品赚得第一桶金。很多人觉得做设计是富二代才能做的事情，学服装设计也确实比一般专业更耗钱，但它不代表普通人家的孩子就无法走出职业道路。熏若就是一个很好的案例。有些设计师一旦小有名气后就不太希望别人知道自己曾经摆过地摊，或者做过批发市场，似乎那样会让品牌显得很低俗。但如前所述，真实比完美更重要，且真实的"冲突感"也让故事更有可读性。

"冲突感"是让故事自带传播力的一种很重要的技巧。过于一帆风顺的故事是没有传播力的。只有主人公排除各种艰难险阻最终获得了成功的故事，才会让人倍感珍惜。这也是电视电影编剧常用的技法之一。他们会不断给主人公设置障碍，反派人物主要就起这样的作用。主人公无论要做什么，总是被反派人物设置障碍阻碍前进。如果什么障碍也没有，主人公很容易获得了成功，那这个故事基本就不会有什么传播力了，因为它实在太平淡无奇了。

（九）故事表达要有画面感

画面感可以帮助读者想象，让他们有身临其境的感觉。这也是打动人心的一种技巧。比如这段话：

"1948年冬季的一天，上海，崇德路培福里91弄。这是一排典型的联排三层楼的石库门房子。大清早，家家户户起床开门，云烟氤氲，伴随着从弄堂里散发出来的还有一股儿清香的味道。

在这香味中长大的陈秀英，正在将白色的膏体装入盒子里，抹平后覆上锡箔纸，再盖上盒盖。铁盖上，是四个飞雀与三个字：百雀羚。"❶

这段画面是我根据公司历史资料想象出来的。原素材只是说了这家公司的具

---

❶ 本段落出自笔者为企业撰稿的部分内容。

体地址，还有当时的老员工名字及他们的工作方式。我根据地址查了下该地点的历史建筑图片，大致勾勒出了当时上海这种老石库门房子的特点，然后想象当时这些工人上班的情形，写出了这段话。

（十）主题、形式与定位是否相符

一个故事的主题内容、形式与品牌定位必须相符。如果品牌是做高端客群的，那么无论从主题设定，行文风格还是词汇、图片选择乃至排版形式都应该体现高级感。如果是做大众客群的，那么故事的表达都应该体现"亲和力"。

比如公众号"一条"就是一个比较成功的内容营销公众号。"一条"销售的产品都比较大众，其文案体现方式也很生活化。他们写产品的文案都偏向于产品的功能性描述，比如强调"面料保暖""重量很轻""板型收身"等。在其文案中，几乎很少涉及品牌故事、灵感来源。

再比如奢侈品普拉达（Prada）与阿迪达斯（Adidas）跨界合作的"Originals Superstar"系列。

"Adidas Originals Superstar系列运动鞋于1969年首次推出，现代感十足的中性设计与生俱来。本次推出的运动鞋款采用全粒面皮革，体现其简约流畅的廓型。侧面热印'Made in Italy'字样，以突显其产地，彰显备受赞誉的卓越品质。每双鞋的鞋舌骏印有PRADA和adidas Originals标志。该系列 Superstar 依然不失本色：风格之典范，永不过时，无需重新设计，只需重新审视。"❶

其页面设计是黑色背景白色字体，给人了神秘感与高贵感。连字体都是经过精心设计的，会让你感受到它的不平凡。这些用词与配色也很好地体现了"科技感"。

三、文化水平不高，如何讲故事

（一）裁缝方师傅

裁缝方师傅只有初中文化水平，因为家庭贫困，13岁就离家打工了。从农村漂泊到上海，他曾一度无法连温饱问题都无法解决，甚至还睡过桥洞。后来偶然一次机会，

---

❶ PRADA官方公众号。

一位好心的阿姨介绍他去服装工厂做流水线工人，他的人生道路才得以出现转机。由于人品靠谱且吃苦耐劳，努力上进，他被提拔为工厂管理人员。现在则自己在创业。

以下是他当时做的视频录音❶：

"（我）从最基础的缝纫工做起，到后来做裁剪包装，再到后来在一家日本公司做质检，我还被选拔为干部送去上海纺大培训，培训回来（被）提拔又做了厂长……几年下来（我的工作）基本涉及了整个服装工厂的流程。2008年的时候，因为没能经受住股市的诱惑，我把所有的积蓄投入股市亏得精光。我觉得自己还是不能忘记本专业，（因此我又）办起了小型服装加工厂。虽然头两年没有赚到一分钱，还给一个客户拖欠（了）7万元的加工费，但不服输的我继续坚持，后来放弃了品牌代加工，通过阿里巴巴搞起了服装批发。2017年的时候开始坚持做自媒体，到现在在今日头条耕耘快4年了。我想要跟大家分享一些服装文化方面的知识，得到了很多同行的呼应。在2020年4月的一次调研，我这个账号被头条认定为最有价值内容排行榜第9名……"

从草根阶层做到工厂管理层，又因为贪心在股票市场跌入深坑，到再次创业……这些都是很有"冲突感"的情节。不知道大家阅读了这段内容会是什么感受？这个案例说明讲故事和学历之间没有必然的关系。事实是，只要一个人有生活（职场、创业）阅历就能讲故事。

（二）帽商案例

"我们公司成立于2011年，是一家专门做帽子的工厂。我们很专业，讲究诚信。"这是我的一位做帽子的学员在写公司介绍时最初写的。他说，自己没什么文化，所以他只能去网站找类似的帽商的介绍，自己复制下，再调整下。我让他打开录音机，我问，他答，同步他用手机录音记录下来。然后用讯飞语音软件转成文字。

我就问了他一个问题："为什么当初要开这个帽子工厂？"

他口头回答如下："我是一个做了11年帽子的人。原先我们是做市场货的，感觉像赌博一样，后来才慢慢转型，转到做订单销售模式，去找对应的客户。就这个时候我们找到了像快销品牌这样的对应客户，为他们设计专门定点设计，定

---

❶ 裁缝方师傅是冷芸时尚圈芸友。

点设计他们想要的东西。所以我们就开了家帽子工厂。"

相比标准模板，不知道大家是否感受到了一点情感在这里？虽然上面这段话还有些语病。比如，"市场货"，是工厂和批发商会用的词，外人不一定能明白，但懂的人立刻知道是同类人（比如正在找市场货的人）。"市场货"的意思是指，以追流行（抄款）为主的一种货品。"赌博"这个词用得也很有特点，比如高学历的人大概率是不会用这样的词来描述企业的，但是作为从草根出身的人来说，这样说话就很有自己的特点，我反而觉得它是优点。

所以我帮他把语句理顺些，就成了以下一段内容："我是一个做了11年帽子的人。原先我们是做市场货的，但做这样的生意要提前判断什么会流行，我们都是瞎蒙的，感觉像赌博一样。后来我们慢慢地转型，转到了做订单销售模式，去找对应的客户让他们来订货。就在这个时候我们找到了一家做快销品牌的客户，我们就开始为他们提供帽子设计与加工服务。"

大家比较下前后两段自我介绍，是否后者更能产生让你"动心"的感觉呢？

 案例五　**奢侈品与大众品牌销售图文案例解析。**　

—— 小结 ——

1. 数字化营销与传统营销时代的差异主要有：

在"产品、地点、价格、推广"4P基础上增加了"参与"与"价值"。

传统时代以"产品"为核心，现在则以"用户"为核心，未来会以"价值"为核心。

传统时代商家只关注"销售产品"，现在企业更关心如何留住客户，并做好可持续发展。

以前营销靠营销驱动，现在营销靠用户与数据驱动。

以前是"产品为王"，现在则"差异为王"及"用户体验感"更重要。

以前数据是碎片化且分散在各部门，今天数据是资产，且收集与整理方式也发生了很大的变化。

以前以"利润"为目标，现在不能只考虑利润，还要考量对"人"与"星球"的责任。

2. 营销部一般包括以下功能：广告、PR、活动、数字媒体、CRM，大型企业还会进一步细分为：产品营销、零售市场部、品牌市场部，或者创意部门、计划与预算部等。

3. 传统时装杂志与新媒体内容写作的不同：

写作流程的不同。传统杂志主要内部讨论，新媒体写作需要依赖于数据。

优先顺序的不同。新媒体时代，策划大于标题，标题大于内容。

写作态度与目的不同。传统时代的媒体记者编辑都经过专业训练，大多秉持职业操守。

写作价值观的不同。

文字风格的不同。传统媒体文字风格比较端正，新媒体时代文字风格更偏向随意休闲轻松。

写作形式的不同。新媒体时代为了适应碎片化阅读，短文多，短句多，更注重排版。

4. 如何"讲故事"？

明确你的读者是谁？

故事必须有依据才有说服力。

主语是"我"还是"企业"？

讲"硬"的部分，还是"软"的部分？

故事需要有人物、场景、情感。

修辞：明喻还是暗喻？

是讲真实的故事，还是完美的故事？

故事情节是否有冲突感？

故事表达要有画面感。

主题、形式与定位是否相符？

文化水平不高，如何讲故事？

练习

1. 分别在招聘网站上找一家大公司及一家小公司的招聘广告，比较它们的组织结构与工作内容有何不同。这些不同能给你什么启发？

2. 如果你想创立自媒体账户（或者你已经是自媒体人），给自己设计一套内容策略，并且通过实践验证这个策略是否有效。

第十章　时尚媒体

第一节　定义、概念与理论

一、媒体

牛津词典对媒体的定义是指"通过广播、印刷和互联网进行大众传播的媒介"。"广播、印刷媒介（纸媒）与互联网"也可以被视为如今主要的媒体渠道（类型）。从内容形式来说，今天的媒体有"图片""图文""音频""视频"与"直播（互动）"。

与传统时代相比，媒体最大的属性改变是过去只有特定的机构（通常是官方机构）获得特定的许可证之后才能成为"媒体"，而今天，借助社交网络，人人皆可"媒体"。

二、多渠道网络（MCN）

MCN，全称是"Multi-Channel Network"，直译即是"多渠道网络"。MCN更像是一个网红、主播经纪公司，他们帮助网红、主播在多平台运营。

三、关键意见领袖（KOL, Key Opinion Leader）

"KOL"代表了直译是"关键意见领袖"，指的是在某个专业领域有一定影响力的专业人士。理论上，它与"网红"及"（带货）主播"不一样的是，KOL对于专业门槛要求更高。网红、主播以流量为重，且他们的收益多以带货或者广告为主；KOL更多的则是知识工作者，他们靠自己独特且有价值的观点获得认可。

参照KOL模式，又诞生了KOC和KOS模式。

KOC代表"key opinion consumer"，也就是在消费者圈子里有一定影响的人。KOC本身也是消费者。相对于KOL的影响力，KOC属于消费者层面的小圈子影响力。在我们的生活中，总会有这样一些朋友，他们在某些消费品领域有自己的见地，虽然不是专家级别，但是他们某些购物心得，比如对美妆、时装品牌特别熟悉，平时穿搭又有个人主见而且让人觉得有品，朋友们都愿意听取他们的意见，这些人就可以被称为"KOC"。特别是在三四线城市尤为普遍。这是因为小地方人际关系更为紧密，彼此受旁人的影响更大。

KOS则代表"Key opinion sales"，是指销售团队里最有影响力的销售人员。

KOL、KOC、KOS都属于能对周围人产生影响力的一种人物。他们今天都是传播的重要的代理人。

四、博主（Blogger）

博主，指写博客的人。在社交媒体诞生前，博客是一种主流自媒体形式。有旅游博主、时尚博主、摄影博主等，他们将自己的作品多以图片、文字形式发布在博客上。国外的博客大多有自己的独立网站，有些博主依靠广告商赚得盆满钵满。微博早期也做过博客，但是博客在中国并没有像国外那样在商业上形成规模效应。随着社交媒体的盛行，博客逐步被遗忘。主要因为博客的内容发布还是有一定门槛的，比如如果是文字为主则需要能写长文；如果是图片为主则要擅长拍摄。另外它的互动感也没有像社交媒体那么强。而社交媒体发布内容门槛不高，即使只有三言两语也可以发布；并且互动感和传播力更强。

五、网红（Web influencer）

"网红"这个词似乎在国内有些被"贬义"化了，比如我们经常在网上看到的"网红脸"描述就是指将自己的脸整容成某种适合上镜的瘦脸，所以网红似乎给人留下一个印象：重颜值轻才华。但事实上有的网红靠颜值、有的网红靠才华。网红聚合到一定流量，自创品牌的也是一条出路。

六、背书（Endorsement）

"背书"原本的意思是指银行支票上取现金的印章。这里则是市场营销的一种手段，指品牌用明星、KOL、网红代言人来给自己的品牌背书，也就是用明星的声誉来为品牌做声誉保证。

七、社会学习理论（Social Learning Theory）

这是一个由社会心理学家阿尔伯特·班杜拉（Albert Bandura）于1977年提出的行为学理论。它重点解释的是环境与个人认知是如何相互作用影响了人们的行为。比如，通过明星、网红、KOL这些"中间人、代理人"的影响，普罗大众就会去模仿这些人的穿着或者言行。

第二节　媒体在时尚业的角色与功能

一、时尚媒体类型

（1）行业媒体，主要提供行业新闻资讯、行业洞察、行业分析报告等。他们所面对的读者以业内人士为主。国内比较有知名度的WWD时尚媒体、*Vogue Business*都属于这类媒体。这类媒体的功能主要是传递行业新闻，分析行业发展状况并提供一些前瞻性的行业发展报告等。

（2）面对普通消费者的时尚媒体，如*Vogue*、《时尚芭莎》、《费加罗》、《卷宗》等。他们面对的读者以消费人群为主。这些媒体通常会提供时尚资讯、穿搭、流行趋势、明星娱乐内容等。

时装媒体在业内承担最重要的角色便是帮品牌"讲故事"，是时尚品牌营销中不可或缺的角色。即使是自媒体异常发达的今天，时尚品牌依然非常重视与传统纸媒（虽然他们今天大多数也做新媒体）的关系。这也是少数纸媒能够坚挺到今天的主要原因。

对于消费者而言，时尚媒体也是流行的倡导者、推动者与教育者。

二、媒体盈利模式

广告依然是媒体盈利的主要模式，只是今天的广告已经不仅仅局限于传统的时装广告大片形式，也包括今天的短视频、图文形式。一个比较令人遗憾的现实是，原本在传统杂志"广告"与"传播内容"界限非常清晰的部门，今天已经变得越来越模糊不清了。

在传统杂志时代，内容部（由编辑团队负责）负责内容采编与制作，与负责拉入广告商、赞助商的发行部，两个部门基本独立，彼此不会对对方工作形成干扰。在一定意义上允许内容创作者不用迎合任何赞助方或者广告企业的需求写内容，虽然会至少避免写广告商或者赞助方不好的方面。但今天在竞争日益激烈的前提下，内容部也开始成为品牌广告与宣传的出口。如今大家看到的很多封面故事、品牌故事、人物专访，已经脱离了原本内容创作的含义，成为广告的一部分。这也导致了很多编辑、记者逐步离开了这个领域，因为他们已经无法体会到创作内容的快乐了。

第三节　组织架构、职责与常见问题

一、编辑

"编辑"，特别是"主编"曾是时尚业最有魅力的工作之一了。即使不在时尚圈，大概率也知道安娜·温图尔（Anna Wintour），这个曾被视为全球时尚界最有"权力"的人物之一。但是，自从纸媒衰败后，主编时代也逐渐成为历史，但编辑今天依然是一个值得尊重的职业。

杂志社的编辑分很多种。除了总负责人（总编或者主编），还有策划编辑、专题编辑、美术编辑等岗位。

编辑主要的工作是内容创作与制作，以前主要以文字创作为主，今天则要求编辑越来越全能，不仅能写，还要能拍（照片）与制作（视频）等。编辑并不需要完全靠自己输出内容，也可以通过组织第三方（撰稿人、专栏作家、摄影师等）组队创作。因此编辑的社会资源也比较丰富。

很多人常常觉得时尚编辑能坐在时装秀头排，和明星平起平坐；还可以拍摄时装大片，怎么想都是令人向往的工作。但其实编辑的工作是一个脑力兼体力的工作。就拿看秀来说，看完秀后就要连夜出一篇几千字的稿件，其实也很辛苦。在时装周期间，去不同的地方赶场子看秀，也挺消耗体力。

另外，编辑也涉及很多统筹工作。比如拍摄一个广告大片，涉及找创意总监、化妆造型、模特、摄影师和借调服装等，还要提前派人看好拍摄场地等，与各方统筹创意策划等。这其中任何一个人因故临时不能参加，所有人要重新协调一遍时间。

现实中编辑们还有一个痛点问题是稿件被"放鸽子"，作者答应好的稿件没有按时提交，杂志又不能开天窗，要么自己补，要么临时找人补。

但是编辑确实非常适合喜欢创意，热爱美学，喜欢广交朋友的人。

二、出版人与商务拓展

杂志媒体的商务拓展就是我们一般说的"销售"。要为杂志拉来广告、赞助商或者活动项目等。商务拓展一般汇报给"出版人"。出版人一般也是负责公司杂志发行与销售的人。

三、关联合作方

杂志对外会有很多关联合作方。比如撰稿人、模特、摄影师、化妆师、造型师、艺术总监等。这个也是做编辑比较有趣的地方，外联的对象比较多。

四、如何才能成为一名合格的编辑

（一）创意

与营销及设计一样，编辑也是一份需要创意的工作。无论是策划内容主题、活动还是广告，这些工作都需要创意，这也是很多人热爱编辑工作的原因。不过，如前所述，现在编辑不得不为了商业做更多迎合品牌客户的内容，导致编辑们的工作能在创意上发挥的余地不像从前那么多。

（二）基本的采编与制作能力

编辑基本都具备良好的写作甚至视频创作能力，他们自己本身也需要为杂志撰稿。

（三）沟通能力

编辑涉及很多外联工作，所以沟通表达力也很重要。

（四）专业背景

时装编辑背景并不一定都来自服装相关专业，事实上，许多优秀的编辑都并非学习时尚出身，也有的是艺术、文学、新闻记者、媒体、法律等专业。但就总体而言，时装编辑值得所有背景的爱好者尝试。

第四节　新"旧"媒体区别

现在几乎所有的传统媒体也都已经做了新媒体。本部分的"新媒体"指的是在新媒体时代诞生的媒体，既包括自媒体，也包括了机构做的新媒体。那些传统媒体转型做新媒体的机构则被称为"传统媒体"。

一、组织架构

新媒体机构相对传统媒体在规模上大多更迷你些，在组织架构上也不太一样。新媒体虽然也有"主编"，但是相对于传统杂志时代的主编个人影响力要小，除非这个主编本身是KOL或者网红。新媒体更多的是靠创始人个人IP；机构新媒体则靠内容生产取胜。

在新媒体时代，大部分角色主要分为三个：

（1）内容生产：包括了图文、视频、音频节目创作与制作等。

（2）运营：这个主要是通过一系列运营手段将内容分发到各个平台，并尽最大可能为内容获得最大的流量。

（3）商务拓展：为机构找广告商、赞助商，本质就是销售部门。

二、扮演角色

新老媒体在行业内所扮演的角色也正在改变。在纸媒时代，媒体主要扮演的角色是符号和流行，因此，传统时代的媒体创意大多带有强烈的符号制造目的。

这种目的大多是为了制造出一种梦幻感，让消费者为了追逐"梦想"而消费。而这种梦幻的制造又多有赖于文化这样的载体。

但在今天"流量为王"的时代，为了吸引更大流量，绝大多数媒体选择了迎合消费者口味——即使这种口味可能是低俗的。媒体虽然一直都可以被视为商业机器，但如果说过去是一台"举止高雅"的机器，如今正在成为一台"俗不可耐"的机器。如果说过去的媒体好歹还在乎正面价值观的传递，今天的媒体则扮演了更务实的角色：卖货。媒体的过度商业化，使广告泛滥且内容粗制滥造，只不过广告的形式已经产生了很大的变化，它们可能被伪装在一个搞笑视频里，或者一篇人物采访中。好内容正在逐步消失，这对于整个行业来说这并非一件好事。因此，作为业内人士，我们也应该积极倡导媒体应该继续保留不受经济利益干扰的好内容创作。

三、对人才需求的不同

相比于传统时代，新媒体部门招聘人有一个最大的特点便是必须熟悉平台运营规则，而每个平台都有自己不同的运营规则。虽然理论上传统时代也有"游戏规则"，但这些规则基本主要指国家相关法规政策，而且这些政策也是相对公开、清晰与稳定的。平台运营规则虽然也有所谓的文字说明，但最令人感觉晦涩难懂的事情就是所谓的"算法"。可能没有一个平台的人能完整且清晰地描述清楚这些"算法"到底是什么？即使是算法工程师，他们也最多知道自己所参与的部分。并且因为现在内容审核是机器加人工，机器误判的情况很多；而人工审核，因为工作量巨大，只审核结果，比如告知创作者内容违规，但也大多数时候也不会清晰具体描述到底什么方面违反了什么规则。另外，算法规则总是在不断变化的，所以新媒体时代，一个内容创作者与运营者都要非常清晰地了解平台运营规则。也因此，新媒体运营人的工作大多以平台为单位。

而在今天，平台凡事靠数据驱动的原则，学会数据分析也是对今日内容创作与运营者的要求。根据数据分析来确定哪类内容更容易吸引流量，引起转化等。

最后，媒体也拓展了更多新的商业内容。除了传统的软硬广告模式，借助自己的外围资源优势（明星、公关、品牌等），为企业组织活动；或者借助自己的内容优势，为自己的读者组织相关培训，比如现在写作、短视频、拍摄盛行，媒体原本就有这些体裁内容制作优势等；甚至为企业提供相关咨询服务。

徐峰立：从网红博主到幕后制作。

 叶晓薇：从主编到可持续时尚的倡导者与
引领者。

小结

1. 媒体、KOL、博主、网红、明星都可被视为传播的"代理人"。

2. 时尚媒体就总体而言分为两大类：面向C端消费者的媒体，以及面向B端企业客户的媒体。

3. 媒体盈利模式依然主要靠广告，不过广告形式及传播载体与策略都已经发生了巨大的变化。另外，传统杂志依靠自己的采编团队、明星、媒体与PR资源，也会延伸做培训、咨询及活动项目策划等业务。

4. 编辑是媒体的核心资源。编辑也分不同种类，有主编、策划编辑、采编编辑、文字编辑、美术编辑等。

5. 编辑需要具备创意能力，以及基本的采编及内容制作能力。另外还要善于沟通。

练习

1. 自从企业的营销部成为"媒体部"之后，你认为外部的专业时尚媒体机构的角色发生了哪些变化？这其中，你作为观察者，觉得运营最成功的国内3家专业时尚媒体机构又是谁？为什么？

2. 通过网络设法采访在不同类型机构工作的编辑（个体自媒体、传统杂志及新媒体公司），比对他们工作的异同有哪些？哪一种可能是你个人更感兴趣的？为什么？

第十一章　时装周

第一节　定义、概念与理论

一、时装秀

"时装秀"即由模特穿上衣服向客人展示产品的一种形式。时装秀最早诞生于约19世纪中期，高级定制之父查尔斯·沃斯（Charles Worth，1825—1895）时代，其太太是他的第一个模特，为客人展示衣服。早期的时装秀是小型的沙龙秀。自1943年第一届时装周，即"纽约时尚媒体周"后，时装走秀形式演变成T台秀，成为聚合媒体、买手、名流的形式。

今天，时装秀的走秀形式越来越多元化。虽然总体还是T台秀，但舞台环境已经发生巨大变化。以前是在室内打造舞台空间为主，2020年后更多品牌移向户外，同时直播秀场也已成为常态。

二、时装之都

传统中的"四大"时尚之都是指"纽约""巴黎""伦敦"与"米兰"，这些城市举办的时装周也被称为"四大"时装周。除此之外，在全球还比较有影响力的时装周包括专注于可持续时尚的"哥本哈根时装周"与"柏林时装周"等。

大家一定好奇现在我们中国的时装周处于什么地位呢？新华社中国经济信息社的调研表明❶，目前中国的"中国国际时装周（北京）"与"上海时装周"，与传统的"四大"时装周正在成为全球六大主流时装周，且上海时装周2020年已经跃居全球第四。该调研考量了"时装周参展品牌数量""发布活动数量"及"知名品

---

❶ 张钰芸.全球时装周再排座次：上海时装周在开放中崛起，跃居第四位，新民晚报，2021[2022-8-15].

牌参与度"，以及时装周所带动的"时尚传播""时尚要素"与"时尚消费"等要素，综合评估得出的结论。

虽然这个只是我们国内机构自己得出的结论，但由于中国消费市场的不可忽略性，无论是中国的时装周还是品牌，都必定会得到国际品牌的更多关注。

三、Showroom

"Showroom"在国内一直没有被匹配到相应的中文词汇，按照字面意思，有些类似"展厅"概念，但Showroom其实的含义是作为设计师品牌的代理方，邀请买手到自己的展厅来订货。设计师品牌大多规模较小，很难像大型公司那样，依靠自有资源与能力每年定期组织大型订货会。这样，就需要第三方，也就是showroom来统一协调与组织。

Showroom传统上主要负责品牌代理与销售，但是今天随着D2C模式的流行，且市场竞争较大，因此有些showroom的经营范围也延展为设计师品牌提供更多的商业服务，包括解决供应链问题，或者代理做品牌营销等。

Showroom分为两种。一种是"长期Showroom"，买手可以随时上门看样订货。还有一种是随着时装周做的。时装周期间也有专门的商贸展会。这类展会以交易为主，与T台秀是两个部分。

第二节 时装周的构成与运作机制

一、申请

所有的时装周背后都有组织者。一般来说，这个组织者就是当地的服装设计师协会。比如北京的"中国国际时装周"，其背后组织者就是"中国服装设计师协会"；"纽约时装周"背后组织者主要是"美国服装设计师协会"等。

确切地说，差不多在2010年以前，在时装周走秀的入门门槛还比较高。所谓"比较高"是指在时装周走秀不仅出钱即可，而是设计师的作品也要经过层层选拔，确保确实符合时装一贯强调的"创新""特色"等标准。一场秀一般小型的大约有一两百人，大型的有五六百人，奢侈品的观众规模可高达1000人左右，所以必须是作品值得那么多观众花时间来观看的。

但是从2010年之后，业内有不少观点认为时装走秀越来越乏味了。主要原因如下：

（1）社交媒体的流行让原本看似高大上且神秘的时装走秀逐步脱离了原本的光环。大家不用再坐等品牌方的官方发布图片，观众可以实时传播。

（2）随着社交媒体的流行，时尚走秀在一定程度上也进入了"博眼球"时代。为了能占得媒体头条，T台上开始出现更多"怪异"的作品。

（3）原本时装周的主角应该是设计师与他们的作品，但是时装秀为了吸引媒体与场外观众的关注，竞相邀请明星、KOL和网红。这导致了时装周逐渐变味，从一场原本应该是专注于作品的商业活动，演变成娱乐新闻。大家都把注意力放在了头牌观众身上，忽略了真正的主角。

随着时装秀光环的褪去，随之而来的则是经营上的困难。更多的品牌开始脱离有组织的时装周，转而自己做秀场发布，这其中还以知名大牌为主。也有部分品牌是因为自身经营发生了困难，难以再继续烧钱做昂贵的秀。有些时装周不得不转向年轻的设计师或者国外品牌。但年轻的设计师本身经济实力也不强，那么只能转向原本并不那么强调设计原创性的大众时装品牌。这导致某些时装周进入一场恶性循环。

现在有些地方的时装周有些像鸡肋，食之无味，弃之可惜。所以时装周自身也在寻求积极改变。

二、观众

时装周的诞生，原本是专为业内人士而做的。原本最主要是两类人群：一类是媒体，他们负责宣传品牌；另一类是买手，他们负责订货。但随着时装周的泛娱乐化，买手几乎已经不再依赖于秀场看货了，而是参加走秀前的预览订货；媒体随着博主、KOL的崛起，原本传统时尚杂志媒体的地位也不像从前那样了。

原则上，时装周是不向非专业人士开放的。所以时装走秀，都是邀请制（现在某些品牌也会开放给自己的消费者作为特邀嘉宾参加活动）。邀请一般由走秀品牌方与他们授权的PR公关公司面对媒体、客户或者自家顾客发送。一般来说，时装走秀并不存在"卖门票"一说。因此作为观众也不应"买票"。如果有这样的事情，基本也都是"黄牛"的炒作。

三、费用

至于参加一次时装周走秀的花费，则与品牌实力、场次、秀场制作成本、邀请嘉宾级别有关。对于奢侈品这样的金字塔尖品牌，一场秀在四五百万人民币是很正常的，大制作则会高达千万元人民币以上。国内目前有些品牌做一场秀，大手笔的也可高达两三千万，不过大多数品牌停留在百万级别（表11-1）。

听上去这样的价格似乎对设计师新人很不友好，但其实时装周也会特别考虑新锐设计师的资金实力问题。一般来说，在国内如果不是大手笔制作，设计师用二三十万到四五十万也可以办一场秀。另外，对于特别有才华的设计师，通过寻找企业赞助商也是一个方案。

表11-1　费用清单

大类目	内容	说明
走秀制作	场地费	场地租赁费；走秀有T台秀形式（主要）和presentation（由模特做静态展）；前者相对昂贵，后者相对便宜
	产品费	走秀服装的产品费用
	模特费	邀请的模特费用；级别越高的模特越贵
	走秀制作费	导演、场地搭建、灯光、音乐等费用
场外费用	PR公关费用	邀请第三方PR公司协助走秀活动支持的费用
	名人、明星出场费	若有名人、明星出场可能还涉及出场费；不过这也取决于品牌方与他们的关系；有些关系比较好的明星或者名人会免费出席；毕竟这也是曝光自己的好机会
	媒体（包括自媒体）费用	取决于媒体的级别及与品牌方的关系；品牌方一般至少会支付差旅费
公司内部费用	团队人工费	公司内部参与走秀活动的团队成员人力成本
	活动物料费	做活动所需要的相关物料费
	活动推广费	做走秀活动前的预热费用及秀后的新闻通稿推广；这些可能会涉及额外的费用
其他	其他可能的费用	

四、时装周的组成

　　时装秀只是时装周的主要组成部分，但并非全部。一个完整的时装周主要分为三大板块：秀场、贸易展会与主题会议。秀场则也有主秀场与其他秀场。现在国内各大时装周秀场也与国际接轨大多采用固定场所模式。贸易展会则以交易为主，参展商以Showroom及设计师品牌为主，观众以买手（采购）为主。也因此，设计师新人即使暂时没有资金实力走秀，参加时装周贸易展会也是一个不错的选择。主题会议则大多以行业人士为主，主要是就当下行业热点话题进行交流探讨。有的时装周还会组织林林总总的大赛。总之现在的时装周活动内容已经相当丰富了。

 林剑：我如何从媒体人转向了实体创业？

 邵峰：上海时装周如何发展至今日？

小 结

　　1. 时装周一般由品牌方向主办方申请。主办方一般是当地的服装设计师协会。观众一般由买手、媒体、公关公司及品牌方的企业合作方组成。

　　2. 时装周费用一般在二三十万元到数百万元间不等。大型品牌的时尚秀费用也可能高达千万元。

　　3. 时装周主要有三大板块：T台秀、贸易展会及行业研讨会。

练 习

　　你认为时装周在未来还有长远的存在价值吗？为什么？

04

未来篇

第十二章　未来的时尚：可持续发展、高科技、中国时尚

第一节　定义、概念与理论

一、可持续时尚

学者们对"可持续时尚"的定义非常多元化，并且其中一些定义还相互矛盾。比如有人认为对"传统手工艺"保护也是"可持续时尚"重要的组成部分，但是传统手工艺一般耗时较久，其人工成本价格超过一般大机器生产的成本，这势必导致这样的产品定价也是昂贵的；而昂贵的产品势必会导致对收入不高的消费者没有能力消费这样的产品，而这与可持续时尚的另外一种观点，即"时尚应该是民主的（大家都可以拥有时尚）"又有冲突，所以"传统手工艺"也不应该算是"可持续时尚"。

但无论其定义如何多变，可持续时尚就总体而言就是以一种"长期可持续发展"的方式发展时尚产业，而其中最主要的衡量指标有两个方面，一个是从产品设计到制造，最后到终端销售及消费者消费，整个过程是否做到对自然环境友好？另外一个则是针对人文环境的友好度。这个"人文"环境主要指整个生态链中的基层员工，比如工厂工人、从事仓库、运输的员工以及传统手工艺人这些经常被忽略的群体是否被给予了足够体面且道德的工作环境与条件等。

二、企业社会责任（Corporate Social Responsibility, CSR）

"赚钱是企业的唯一目标"或许是很多人认为理所当然的道理，但随着社会文

明的发展，企业仅仅以赚钱为目标已经不再适应当下的社会。当赚钱成为企业唯一的目标时，它造成了非常多的不公现象以及社会问题。比如有的企业为了赚钱，不惜造假产品甚至制造可能危及人们生命的假药、假酒、有毒食品等。另外，一个缺乏社会责任感的企业，就可能拖欠员工工资，强迫员工"996"，也不太会关注员工的身心健康发展问题。

CSR要求企业不再仅仅只关心企业资方利益，而是对所有相关方，包括员工、合作伙伴，以及社会资源负责。比如环保问题，如果从传统观念来看，这似乎应该只是政府的事情，似乎与个人与企业无关，但事实上它又与每个人与每家企业都有关。特别是对于企业来说，如果大家都不关注，势必让我们所居住的环境无限恶化下去。也因此，只有每家企业都承担起一定的社会公共责任，才可能让整体人类居住环境可持续发展下去。

因此，企业社会责任最主要围绕两个方面而言。其一，以具有"道德"感的方式经营企业，这其中当然也包含了遵纪守法的底线要求，当然"道德"感就比"遵纪守法"的要求更高了。其二，便是企业不仅对内承担责任，对外也需要为社会承担更多的责任，包括帮扶弱者、承担环境保护责任等。

不过，一家有社会责任感的企业首先应该是先善待员工与顾客，为顾客提供真正有价值的产品，以诚实的方式做营销，并且愿意将企业的利润拿出一部分分享给员工。有的企业对外做了很多慈善事业，但是对自己的员工或者顾客却缺乏基本的诚意，这就容易让人质疑企业做慈善事业也许只是为了好听的名声，而不是出于责任感。

三、ESG（Environment，Society，Governance）

ESG分别代表"环境""社会"与"企业治理"。ESG一定意义上可以被理解为CSR的升级版，并且与CSR一个不太相同的方面是，CSR一直以来没有成为对企业的强制要求，而ESG正在成为投资与法规的硬性需求。一些地区的证券交易所已经将ESG列为企业上市的必需条件。

ESG对企业做出了更全面的要求：

（1）从设计、制造到销售产品的过程中，是否考量了对环境的影响并参与"碳中和"之类的跟踪、考核与改善。

（2）每年有多少预算用于承担社会责任，包括但不仅限于从事公共慈善事业，解决特定的社会问题。

（3）对内在企业治理方面，是否遵纪守法，是否善待员工，是否存在员工年龄、性别歧视现象等问题。

总之，随着社会发展，无论是因为客观环境需要还是社会文明发展，总体社会对企业的要求越来越高，盈利已经不再是企业唯一的目标，以"有道德感的价值观"及"长期主义"发展企业将成为未来企业发展的重要指导思想。

第二节　可持续时尚 ❶

一、纺织服装业的可持续发展背景

纺织服装业作为全球第二大污染行业，长期以来一直有四大问题：环境污染、能源消耗、碳排放与劳工问题。

（一）环境污染

让我们从服装的起点——棉花种植开始。服装始于面料，面料始于纺纱，纺纱始于纤维。棉纤维则始于棉花。在传统农业里，人们手工种植、自然培育棉花，和大自然相处得很好。然而，随着工业化与资本化的推进，为了实现短时间内产量最大化，人们开始大规模使用农药以扩大产量，这取代了之前自然手工的方式。作为规模化的代价，土壤因此受到严重破坏，且种棉花的农民因为长期处于农药环境而开始大量患病。

棉花被采集后会被送入纤维厂被梳理成纤维再用来纺纱最终织成布料。在此过程中，消耗最多的是水资源，特别是棉布，用水量特别大。此外，在给面料上色过程中，绝大多数染料是化学物，有毒有污染。而这些毒素，会随着水流入滔滔江河中。

---

❶ 这节部分内容曾出现在由笔者为《周末画报》与《费加罗》杂志撰稿的文章中。

（二）能源消耗

纺织服装业也是一个能源消耗型行业。消耗最大的，当属水资源。以下是专注于零售行业研究的 The Fashion Law 机构所收集的相关官方数据[1]：

（1）全球约20%的水污染问题与服装制造相关；

（2）85%在纺织制造过程中的水资源主要用于印染，而这一环节又导致了巨大的水污染；

（3）种植一件T恤所需要的棉花，耗水大约715加仑；种植一条牛仔裤所需要的棉花，耗水大约1800加仑[2]。

服装当下使用最多的纤维——涤纶所消耗的主要是石油[3]，也是有限能源，且从石油中提炼涤纶的过程对环境污染程度很大。

（三）碳排放

"碳排放""碳中和"这些专有名词，是随着气候变化问题而产生的。气候变化问题已不是某个国家或者地区的问题，而是全球人类共同面临的问题。这其中，又以"全球气候变暖"为最为普遍及严重的问题。而全球气候变暖中的关键问题，是碳排放。大家通过平时的媒体报道，一定也看到了这些相关关键词。但很可能很多人和曾经的我一样，对于碳排放的理解是非常模糊的。

"碳排放"是指"因为人类活动或者自然活动而导致的温室气体排放"。这些气体又以二氧化碳为主。而导致这些碳排放量剧增的源头有烧煤、汽车尾气、被浪费的难以被降解的材料（比如塑料、难以降解的衣物纤维等）以及其他污染源。事实上，如果使用网站测试下自己的碳排放，你会发现自己几乎每一笔消费背后都隐藏着碳排放量[4]。

碳排放问题已经严重影响了地球环境，也就是气候变暖问题。近些年，我们

---

[1] TFL. How Many Gallons of Water Does it Take to Make a Single Pair of Jeans? 2019[2022-8-15].

[2] 1加仑约为3.79升水，一个人平均一天喝水大约在1.5升，一件T恤所需要的棉花耗水资源则为2842升，相当于1900人1天的喝水量；一条牛仔所需要的棉花耗水大约6822升，相当于4500人一天喝水量。

[3] 截至2020年，涤纶当下使用量占所有服装面料的52%。Fernández, Lucía. Distribution of Textile Fibers Production Worldwide in 2020, by Type, 2021[2022-8-15].

[4] carbonfootprint网站可以测试自己的碳排放足迹。

经常可以从新闻上看到温度上升引起诸如"阿尔卑斯山脉地区的冰川积雪和冰层覆盖快速下降""使北极海上冰层范围减少""引起西伯利亚和加拿大永久冻土解冻"之类的报道。如果说几年前这些气温极端事件似乎还发生在离我们遥远的地区，现在则已发生在我们生活的城市。比如一些常年干旱的地区遭遇暴雨，以及2022年夏季数十年难以遇到的持续高温，都是极端气候事件增多的表现。

而生活当中，我们做的对环境伤害的行为更是比比皆是。据公益机构Global Fashion Agenda的统计：

"全球每年大约有9200吨纺织废料。这相当于每秒钟，都有满满一车的服装及纺织废料被送入垃圾填埋场。这一废料数据到2030年预计会增加到超过1.34亿吨。

与此同时，我们购买衣服的数量远超过从前——消费者现在人均购买的服装量比15年前增加了60%……全球，每年消费者购买的衣服大约有5600万吨。预计这个数值到2030年会增加到9300万吨，到2050年则达到1.6亿吨。

而最终，只有12%的服装纺织废料被回收循环使用。"

若以全球人口76亿来使用上述数据推算，则人均每年产生的服装与纺织废料大约是12公斤，这相当于人均每年扔掉20~30件衣服。同时，人均每年又在买进约7.3公斤的衣物，这大概相当于10~20件衣服的量。毫无疑问这些都是个理想数值。因为我们知道很多贫穷的人是不可能有这么多的购买量与浪费的，所以可以想象，对于大多数生活在大都市的我们来说，事实上的消费与浪费是远高于这个数值的。

这些浪费所产生的问题不仅仅是浪费本身，更严重的是这些浪费物最终也成了环境污染的主要源头。因为我们大多数的衣物面料是长期不可降解的，并且这些衣服在生产消费过程中都会产生大量的碳排放。根据科学家的研究，通常一件棉T恤产生的碳排放量是2.1公斤，一件涤纶衬衫则产生5.5公斤碳。而今天，市面上将近52%的服装都是涤纶制造，其他的则多为棉或者棉混纺。这样再综合上述每年每人扔掉的20~30件衣服，以及购进10~20件衣服的量，可以大致推算全球平均每人每年单单在纺织服装用品上产生的碳排放将近130~215公斤。再乘以76亿人口，单单纺织服装用品，全球每年就会产生10亿~16亿吨二氧化碳。

作为普通人该如何理解这个数字背后的意义呢？这又要涉及"碳中和"问题。

"碳中和"的官方定义是指"国家、企业、产品、活动或个人在一定时间内直接或间接产生的二氧化碳或温室气体排放总量，通过植树造林、节能减排等形式，以抵消自身产生的二氧化碳或温室气体排放量，实现正负抵消，达到相对'零排放'**❶**"。为何种树可以抵消碳排放？因为树木可以吸收二氧化碳并产生更多的氧气。根据央视网的节目介绍，一般一棵树1年只能吸收18公斤的二氧化碳**❷**。因此，要抵消个人消费纺织服装品每年所产生的10亿~16亿吨碳排放，我们人类需要种植550亿~900亿棵树，称其为"天文"数字也毫不夸张。

（四）劳工问题

廉价劳工是服装工厂另一个普遍性问题。比如，孟加拉国正在替代中国成为服装加工大国，而主要原因是因为那里的劳动力足够便宜。鞋服行业是一个以中小企业为主的行业，中小企业相对法律意识比较薄弱，因此还会出现拖欠员工工资，不为员工缴纳社保，强制性"996"等现象。

也正是在这样的背景下，可持续发展正在逐步成为头部企业的战略日程。

二、可持续时尚的主要类别

（一）材料改进：有机、可循环、废料利用

对于纺织服装业，如果要改善可持续发展问题，材料是改善的源头。因为材料决定了产品最终的归处。比如，当下使用面最广泛的普通涤纶和棉纤维，事实上也是最不环保的材料。涤纶消耗石油，且提炼过程不环保。服装被废弃后丢入垃圾填埋场，涤纶长期不可降解，成为长期的污染源。因此对材料进行改进，降低材料本身对环境的污染，是许多材料科学家都在进展的工作。

目前，在服装方面，比较主流的材料改进主要通过三种途径：

1.有机面料

目前有机面料主要以"有机棉"与"有机羊毛"为主。有机材料的含义是指无论是棉花的种植还是羊的养殖与剪毛，它们的生长环境（土壤、草地等）以及

---

❶ 百度百科，"碳中和"。

❷ 富赜，刘飞.种树也有大讲究？树木怎么种植才能活？央广网，2022[2022-8-15].

整个种植（养殖）过程都达到了"有机"标准（尽量采用自然生长方式，不使用农药等有毒化学用品等）。在高端品牌里面，丝黛拉·麦卡蒂尼（Stella McCartney）也是专注于使用有机面料的一位设计师。

2. 可循环使用面料

"可循环使用面料"可分为三大类："再生面料""再次使用"及"升级再造"三类。

（1）再生面料，当下较为主流的再生面料就是再生涤纶了。这是一种由废弃的塑料瓶回收做原料的。利用塑料瓶做的涤纶需要较少能源，可降低碳排放。

（2）再次使用，在这方面，最典型的便是交换或购买"二手衣物"。现在年轻人喜欢用的"闲鱼"平台也是这个目的。

（3）升级再造，绝大多数的衣服被废弃，并非因为品质问题，而是所谓的"不再时髦"。"升级再造"即让这些衣服重新焕发时尚光彩的一种方法。在中国，有着一位以类似手法解构二手衣的设计师张娜，其"再造衣银行"，也是通过解构二手衣重新赋予它们新时尚的品牌。

服装配饰的库存也可以作为升级再造的原料。比如马丁·马吉拉（Martin Margiela）在1991年时就使用了库存军用袜设计了一款针织毛衣，并且在2004年6月号的"A Magazine"中展示了同款DIY的板型。

使用库存服装面料进行升级再造事实上也非常适合创业型品牌。无论是使用二手衣改造的方法，或者利用废弃的面料、纱线及其他物料做衣服，购买这些废料的成本都远低于新材料。很多情况下，设计师甚至可以免费获得它们。加工厂的批量生产，几乎每一匹布最后都会剩下十几甚至几十米的废料。这些剪裁剩下的面料，品质上等，但是售价却只有正常价格的若干分之一左右。而对于创业设计师而言，除非去批发市场购买质量平庸的现货面料，若直接向工厂订货，设计师的订量都不足以满足工厂要求的起订量。而废弃面料既解决了价格问题，也解决了起订量问题，非常适合创业者起步。许多设计师喜欢高级定制，零碎的废料正好也可以提供个性化的定制。

3. 废料利用

使用废料进行新材料开发也是目前科学家们在努力的方向。比如使用蜘蛛网、鱼鳞、海底漂浮物这些原本就属于被废弃的材料研发新纤维，织成布做成衣服，也是行业正在努力的方向。

（二）零浪费裁剪

衣服在裁剪的过程，会废弃掉15%~30%的面料。对于批量生产的服装加工厂与品牌公司而言，这些废弃的面料是累赘——因为它们很占用存储空间。也因此，为了减少这样的浪费与负担，欧美的一线设计学院与设计师都在寻找零浪费裁剪方式。这种技术致力于研究一种能尽最大可能降低面料浪费的设计与裁剪方法。马来西亚裔设计师邓姚莉（Yeohlee Teng）发现诸如三角形、圆形、长方形等几何形面料能最大限度地降低废料。帕森斯设计学院（Parsons School of Design）的前时装设计和可持续发展副教授蒂姆·瑞桑（Timo Rissanen）和梅西大学（Massey University）高级讲师何力·马奎连（Holly McQuillan）曾合作写了一本"*Zero Waste Fashion Design*（《零浪费时装设计》）"的书，也非常值得设计师们重新理解什么是"零浪费裁剪技术"。

（三）慢时尚与传统工艺保护

"慢时尚"是相对当下的"快时尚"而言的。在"慢时尚"倡导者看来，快时尚制造了很多浪费与污染，虽然便宜，但这背后也往往意味着对工厂工人的剥削问题，这一切皆因为他们过于追求"快"，而"快"的本质又是因为追求"流行"。因此慢时尚倡导者提出了截然相反的概念，时尚应该是"慢工出细活"，要么不做，要做就做一件好品质，能穿长久的衣服；其次，"慢时尚"提出了"反时尚（流行）"概念，因此，慢时尚的衣服看上去都不那么时髦甚至显得朴素。

而"传统工艺保护"一定意义上也是慢时尚的代表。不过，传统工艺的保护并不仅仅是为了慢时尚，更多还是为了精良的传统手艺的传承，以及对手工艺人的保护。众所周知，手工艺从业者是当今社会的"非主流职业"，因此，他们大多有生存困难的问题，而这也导致了恶性循环，愿意从事传统手工艺的人越来越少，最终直至这项手艺因后继无人而消失。

在我们国内，设计师马可做的"无用"便可被视为"慢时尚"；无用同时也帮助国内手工艺人解决手艺传承问题。

（四）女性领导力❶

"女性领导力"也被认为是可持续发展的议题之一。在奢侈品公司，无论是PRADA、开云、LVMH都已经将此作为战略发展目标，并在其年度财报上公开其女性员工占比，及女性管理人员占比。

女性在职场的现状，可以从企业女性领导者的数据可窥一斑。大约十多年前，在世界五百强公司，只有2.6%女性担任CEO❷。到了2022年初，该数据也只是6.2%。但有趣的对比是，Catalyst，一家成立于1962年并致力于女性领导成长的公益机构，他们的数据研究表明，女性领导的企业在财务表现上高于男性领导的企业。虽然在性别差异与企业财务表现之间的因果关系尚有争议，但是这家公司的结论确实引起了欧美一些企业的注意，更多的企业愿意给女性提供高管职位，但如大家所看到的，即使如此，女性领导占比依然少得可怜。而我们国内企业在这方面的数据则还有待更多努力。

而雇用了最多女性员工的时尚行业则可以说也没有在这方面做出成功表率！纵观国内外的时尚产业，女性员工占比明显超过一半，但是在高管层面，几乎依然是一个以男性为主的世界。原因看似简单，比如女性要结婚生子、要照顾家庭，自然也很难被晋升到管理岗位。但这是否代表了全部事实？研究表明，正因为大众对女性有这样的世俗认知，导致在现实职场中女性晋升的障碍非常多。一个最明显的案例就是"玻璃天花板"，是1986年时，两位名为卡罗尔·禾茉魏茨（Carol Hymowitz）与提摩太·希拉德（Timothy D. Schellhardt）的学者发表在《华尔街日报》上的所用概念，意思是"女性在职场晋升道路上被设置的种种隐形障碍。"这种隐形的障碍，可能是隐形的性别歧视、隐形的不公正的评估标准等，但这些并非是女性晋升碰到的障碍的全部。

就总体而言，女性成为领导的障碍❸主要包括以下两大因素：

---

❶ 本节内容也曾出现在笔者《人生不急，职场不慌：受用一生的成长指导书》一书中。

❷ Eagly A, Carli L. Women and the Labyrinth of Leadership[J].Harvard Business Review, 2007, 85(9): 62–71.

❸ O'Leary V E, Flanagan E H. Leadership. In J. Worell (Ed.), Encyclopedia of Women and Gender: Sex Similarities and Differences and the Impact of Society on Gender[M]. Oxford: Elsevier Science & Technology, 2001.

（1）外部环境中：

①社会对性别角色的固有认知，比如男性就该掌管"外部"事业，女性就应该"持家"。

②在以男性为主导的管理群体中，女性难以有发展空间。

③外部环境对女性职场竞争力，总体上持有怀疑态度。

（2）但障碍不仅仅来自于外部，也来自女性自己。比如，女性患得患失的心理可能让自己认为，"失败也很令人担忧；成功可能也会让自己掌控不住。"而更为主要的障碍多来自女性自己，比如自我认知，以及担心与家庭角色的冲突状态。在中国，这两点障碍尤为明显。而女性的自我认知，大多来自原生家庭的影响。

然而，时尚产业原本拥有让女性做领导者的先天优势，无论是消费端，还是为消费者提供服务的企业，都是以女性为主。因此，让女性来做时尚企业的管理者反而应该是顺理成章的事情。

（五）劳工

随着文明的进步，越来越多的企业意识到，工人也是人！虽然他们的工作难以让他们富足，但企业至少理应让他们过上"体面"的生活。因此，作为从业者，一方面，我们要努力为消费者争取高性价比；另一方面，也要考量工厂工人生存环境的问题。这一点，目前在中国已经有很大程度的改善，这既是社会进步的结果，也是各大品牌加强对供应商"合规"要求的结果。

可持续时尚可以被视为ESG在时尚行业的具体体现，且可持续发展是一个极其庞大、极其专业且也具有一定争议性的话题。总体而言，国内时尚产业对可持续发展议题关注度还远远不够，但这也恰恰意味着未来的发展空间。

三、可持续时尚的实践者

（一）开云集团

世界知名的奢侈品、体育用品及快时尚公司几乎从十几年以前就全面开展了可持续时尚战略规划。开云集团可谓是最早将可持续发展视为战略目标的时尚集团之一了。开云集团因此入选了"Corporate Knights 2021年全球最佳可持续发展企业百强榜单"前七，位居服装及配饰零售业类别榜首。他们已经连续四年蝉联服装及配饰零售业类别榜首。开云做的最重要的一个策略是，将这项艰巨的任务纳入管理层与员工的绩效考核中——这才是能让一项任务落地的重要原则❶。

（二）LVMH

LVMH则发布了一项新的环保绩效路线图"LIFE 360"，其中概述了其未来三、六和十年的可持续发展目标。"LIFE 360"将为LVMH制定新的气候目标，保证集团所有工厂使用100%可再生能源，并在2026年前消除包装中的化石基原生塑料。

（三）PRADA

PRADA则是另外一家投入真金白银来"碳中和"的企业。打开PRADA官网，选择"可持续发展"菜单，就会看到以下一组数据："100%的直营店铺都使用了LED灯；85%的纸张会被回收；已经使用100%可再生能源发电；迄今为止，通过使用太阳能光伏发电系统，已经减少了723吨碳排放；其旗下有37座建筑获得LEED证书（Leadership in Energy and Environmental Design即绿色建筑评价体系）。"

而"再生尼龙产品"也是PRADA的代表产品之一。它由意大利本土公司Aquafil研发。这种面料能够"被无限次循环使用，且不影响材料品质"。它们主要"由从垃圾填埋场与海洋垃圾回收而制作"，这些原材料包括"渔网、废弃尼龙、地毯、工业废料"等。

PRADA做的我认为另一个很有意义的项目是"ESG贷款"。他们与法国农业信贷集团就签署了奢侈品行业首个"可持续发展关联定期贷款"协议。如果PRADA达到以下ESG目标，即可获得贷款优惠利率：获得LEED（绿色建筑）黄金级认证或者白金认证；员工培训时数达标；PRADA再生尼龙的使用情况。

---

❶ 本章奢侈品公司相关信息均可以从其官网或者公司年度财报上找到。

（四）个人

"环保"，是一个我从二十几岁就听到的一个词语。甚至作为所谓的时尚业内人士，我从2011年就知道了"可持续时尚"，而这是一个到今天为止依然为大众所不熟悉的专业词汇。即使如此，"环保""气候变化""可持续发展"于我也只是一堆专业术语与不痛不痒的知识。直到最近，一个朋友向我推荐了一个网站，她建议我去测试下我个人每年的碳排放量。

carbonfootprint是一个"碳足迹计算器"网站。这个计算器可以计算每个人一年里所产生的碳排放量，包括我们所使用的电力、天然气、燃油、煤炭、液化气等；以及使用各类交通工具及购买个人消耗品等所产生的碳排放。我用它给自己做了计算，发现我的碳足迹为每年9.17吨，这个还不包括我家里日常使用的水电煤等部分。

而根据这个网站，"中国人均年碳足迹为7.54吨；欧盟的平均值约为6.4吨；全球平均碳足迹约为5吨；对付气候变化的全球性目标则是2吨。"

这个数据立刻让我有了负疚感！我一直自以为自己算是个"善人"，但却无意识中成了环境的负面影响者……大概率，你和曾经的我一样，并不知道自己个人行为到底如何影响了当下气候变化？很多时候，我们觉得碳排放是政府与企业的问题，与个人无关。其实，碳排放与我们每个个人都有关系。

比如通过计算得知我个人的碳排放量近10吨左右，我可以通过以下方式来"碳中和"：

（1）降低消费，只消费必须消费的商品或者服务。

（2）在选择交通时，选择在时间允许范围内碳排放最小的工具。

（3）减少浪费。特别是食物与服装浪费。减少浪费除了通过减少不必要购买，还可以通过循环使用来解决。比如，现在有设计师会对顾客衣橱里的衣服进行再设计，以提高服装再次被利用的频次。也可以通过二手衣交换或者买卖来提高使用率。虽然这些服务都比较适合个人，难以产生大规模效应，但从个人层面来说，却是个人力所能及的事情。

（4）最后，通过种树，来抵消那些我无法再节能减排的活动。

依然以10吨碳排放量为例，我至少要"种"556棵树才能抵消自己一年的碳排放。可能大家会好奇现在个人怎么去种树呢？其实有很多公益机构接受资金捐助帮你种树的。大家不妨通过网络或者公益机构关注下。

客观地说，个人节能减排只要个人意志力足够，还是比较容易执行的。总之，碳中和并非政府、企业才应关注的，而是每个人都应该且能够力所能及的事情。这里，特别将我个人觉得很有效的、由开云集团推出的"企业环境损益表"与"个人环境损益表"介绍给大家❶。

这个环境损益表（Environmental Profit & Loss），参考了企业会计学里的损益表形式。以数据表达形式，量化了个人及企业在"碳排放""水资源利用""水污染""土地使用""空气污染"及"废弃物"。这个APP会将这些数据转化为货币，以货币形式呈现效果。然后根据报表，协助个人或者企业寻找可以被"积极改善的最佳点""并及时显示我们取得了哪些进步。"

（五）政府

我国政府同样非常注重碳中和的问题。2020年9月22日，中国政府在第七十五届联合国大会上提出："中国将提高国家自主贡献力度，采取更加有力的政策和措施，二氧化碳排放力争于2030年前达到峰值，努力争取2060年前实现碳中和。"❷

第三节　高科技

今日的时尚行业，正在从"传统"行业，转型成为"科技"行业。

一、工业4.0对时尚供应链体系的影响

工业4.0是指利用"机器人、AI、3D扫描与打印、激光裁剪、大数据、云端技术、AR、VR、物联网与社交媒体"这些技术提高工业制造能力与效率的工业时代。这个概念最早由德国政府在2011年的一次高科技战略会议上提出的❸。

---

❶ 环境损益表详见开云集团官网。

❷ 人民网.碳排放权交易，中国大步踏出自己的路，2021[2022-8-15].

❸ Wahlster W. From Industry 1.0 to Industry 4.0: Towards the 4th Industrial Revolution [J]. Forum Business Meets Research, 2012.

（一）机器人

在服装加工业，大型工厂已经使用机器人来巡视工厂。传统时代，工厂的车间主任或者厂长需要人工巡视，确保相关岗位作业正确，或者解决现场问题。现在，机器人在巡视过程中，将数据与图片实时传回到办公室，这个办公室甚至可以在异地，车间主任或者厂长坐在办公室即可远程解决问题。

（二）AI

AI（人工智能）听上去似乎离我们很遥远，其实大多数人在日常生活中都接触过AI。比如，电信、银行和大型企业的无论是在线还是电话客服，第一步大多是AI机器应答，只是在有需要的时候，客户可以转人工问答。

（三）3D扫描与打印

3D扫描与打印技术也正在改变时尚产业的制造端。

3D扫描是指能够扫描3D实物物件的仪器。在服装业，较为主流的技术便是3D人体扫描仪，这是一种能高效、准确且多维度收集人体数据的一种技术。3D人体扫描技术自2000年初诞生以来，发展至今，从早期需要借助昂贵且大型的设备扫描，到今天，无论是应用还是设备都已经比之前进步许多。

3D人体扫描仪技术将解决服装行业一贯的痛点问题即"尺寸"问题，这也是库存产生的主要原因之一。当企业收集了足够多的人体尺寸后，这将让企业的尺寸数据库更加完整与精准。其次，这也使企业为顾客提供批量定制成为可能。

3D打印技术目前在时尚行业主要运用于珠宝与配饰行业。不过因为材料与技术限制，目前还没有得到广泛应用。但随着技术的发展，这类技术一旦普及，顾客可以实现去3D打印店为自己设计并打印出一款配饰。

（四）激光裁剪

激光裁剪技术也对时尚业产生了重大的影响。比较明显的案例是在皮革业与牛仔业。

皮革业一直面临一个诟病问题，即"动物保护"问题，尤其是一些昂贵的皮革使用的是稀有动物的皮。"皮革"的好坏与稀有，也成为"奢侈"级别的象征。而激光技术正在解决这个问题。激光可以在人造皮革上做出与动物皮高度仿真的肌理。可以这样说，现在高级的人造皮除了没有动物皮身上原本的味道，无论是柔软度还是肌理效果都非常接近真皮了。

牛仔业也因为牛仔面料极其耗水以及追求所谓的丰富的水洗效果而饱受环保机构的批评。在传统工艺中，牛仔裤洗水会使用大量的化学用剂，它们大多含有一定的有毒物质，所以为什么洗水厂工人通常都要戴口罩。这个过程不仅消耗水资源，而且伤害工人健康。激光技术目前可以直接在牛仔裤上"切割"出各种洗水效果。这种"切割"并不是有一把"刀"在面料上切割，而是一种无形力量在面料上行走形成效果。

（五）大数据

大数据是数智化转型的一切基础。正因为数据收集已经无处不在，因此数据体量已经变得相当庞大。对这些数据进行整理、梳理、分析，最终让它们成为为企业提供解决方案的工具。

（六）云端技术

可能"云端"技术对于非专业人士来说很陌生，其实我们现在工作中早已离不开"云"技术了。如果你用过"百度云""腾讯微云"，你就是已经与"云端"共存了。对于一般人士与企业而言，云端技术解决的最大的问题是数据的储存与实时共享问题。"共享文件""共享文件夹"允许不同的人跨部门，跨地区同时在同一个文件中作业，这大幅提高了整体作业效率。同时也允许个人不必总是带着硬盘设备，随时随地用任何设备登录"云盘"即可获取数据。

（七）AR 与 VR

AR 即"amplified reality"（增强现实），VR 即"virtual reality"（虚拟现实）。随着 3D 技术的发展，以及元宇宙的普及，AR/VR 技术最主要解决的是沉浸式观看问题。如果说，我们现在一切的互联网作业都是基于"平面"空间，那么 AR、VR 与元宇宙则将允许我们沉浸在虚拟 3D 空间里。

从时尚业的应用场景来说，在元宇宙有了足够的访客后，品牌在元宇宙开店会比在当下任何一个平台开店将给予顾客最好的体验感。这个体验感足以与线下体验感相媲美。顾客与卖家导购均以"虚拟人"形象出现在虚拟空间。这个虚拟人可以是完全虚拟的形象，也可以是真人的虚拟映射（仿真形象）。两人可以在空间里语音对话，甚至虚拟"握手""拥抱"。现实中的销售过程可以完全在元宇宙空间体验一遍。如果融入3D试衣技术，顾客可以用按照自己尺寸生成的虚拟人试衣。决定购买后，就可以使用平台接受的数字货币进行交易。

AR/VR技术应用在工厂也是同样的道理。不在同一个空间的工作人员可以采用AR/VR技术仔细检查工厂某些环节或者设备某些部位出现的技术性问题。

（八）物联网

物联网时代则是真正的万物相连的时代。物联网时代借助蓝牙技术、传感器、GPS定位等，对信息进行传输。对于时尚行业，这个"万物相连"可以是A工厂设备与B品牌方的计算机相连，也可以是我们穿着的服装之间的链接，甚至还有我们的"眼镜"与汽车。链接最直观的表现是我们赖以生存的"屏幕"（手机屏幕、电脑屏幕）将无所不在。随时，我们都可以通过某个物体"呼唤"出虚拟屏幕。我们在虚拟屏幕上作业，传输信息，与对方通话等。物体间的相连技术，其沟通技术主要依赖蓝牙、传感器、安全、GPS定位等。

二、区块链

日本人Nakamoto于2009年提出了区块链（BCT）概念。其原理使用"数据挖矿"与"比特币"技术来发展数据结构，然后通过编码技术来传送数据的技术。该数据是永恒的、不可更改的，可以说是当下数据储存与传送最高级的级别。其特点是"去中心化""可溯源""透明""不可伪造"，因此，对于商业而言，这将解决仿冒、造假等问题[1]。其工作原理是BCT可以为每一次交易都生成一个独一无二的编码。以服装设计作品交易为例。假如1号公司提供了纱线，随后将纱线卖给

---

[1] Wang B, Wen L, Zhang A, et al. Blockchain-Enabled Circular Supply Chain Management: A System Architecture For Fast Fashion[J]. Computers in Industry, 2020, 123:103324.

了2号公司织布厂，再由2号织布厂将面料卖给了3号印染厂，再由3号印染厂卖给了4号服装加工厂，最终卖给了5号销售商公司。那么这件衣服上的区块链可以从5号销售商追溯到纱线来自1号公司。如果任何企业或者个人想要篡改区块链的数据，他们需要联合1到5号公司来更改每一环节的数据，因为每个交易环节的数据都是被分散管理的（去中心化管理）。而大多数产品制造过程中涉及的交易环节远多于5个，也因此，更改已交易数据几乎不可能。

"安全""可追溯""防伪"是区块链受到欢迎的主要原因。奢侈品公司几乎都已投身到区块链领域。区块链对于可持续时尚一样很有意义。其溯源功能将帮助企业来监控产品整个生态链过程中的碳排放数据，以做适时调整。

三、智能穿戴

智能穿戴是指将智能技术融入穿戴产品，以起到监控人的身体与健康数据的作用。当下最普及的智能穿戴就是"可以监控人体数据的手表"了。其他的还有可以监控人体健康数据的内衣，自动调整温度的衣服等。

总之，科技不仅仅渗透了行业，也渗透了产品。

第四节 中国时尚

"中国何时能有享誉世界的时尚品牌？"这不是一个新问题，而是几代服装企业人与设计师的梦想❶。如今，国风的盛行，让大家再次对这个问题关注。

一、中国品牌的全球化扩张

中国服饰企业收购国际品牌的历史可以追溯到近20年前。早在2007年，百丽就收购了斐乐（FILA）中国区商标运营权，后该经营权又被安踏购买❷。2011年，中国

---

❶ 更多关于中国品牌诉求全球影响力的内容请见本书笔者的另一本书作：《中国时尚：对话中国服装设计师》，2014年由中国纺织出版社出版。

❷ 杜博奇.营收破100亿，百丽没搞定的FILA，怎么在安路手里翻红？天下网商，2020[2022-9-11].

企业宏珏集团就收购了当时还非常小众规模的意大利品牌GIADA❶。再到近几年，之禾（ICICLE）收购了法国时装屋CARVEN❷。最有分量的当属2018年复星时尚集团收购法国老牌高定品牌LANVIN❸。而2022年度还值得提及的收购，则是李宁对英国CLARKS鞋业公司的收购❹，以及雅戈尔投资Alexander Wang品牌的消息❺。

迄今为止，中国企业对欧美品牌的收购应当说还在探索阶段，且并购后运营成功的案例屈指可数。GIADA算是一个成功的案例。只是他们一直很低调，所以不为外界人所知。安踏收购FILA中国区业务也被业内人士视为一个成功的案例，但是这两者其实都主要是在中国市场经营得比较成功。这离中国时尚企业走出去，成为真正意义的全球品牌还有很长的距离！

中国服饰企业要走向全球化，还面临着巨大的挑战。不仅仅是资本、运营、理解当地市场之类的日常问题，对于这个行业，最致命的问题是企业管理理念。和已经走向全球的阿里巴巴、抖音这些互联网公司不同的是，互联网公司天性拥抱变化、开放透明平等，但中国服饰企业并没有这样的基因。除了极少数的企业，大多服饰企业采用的依然是封闭式的家族管理制——即使对于那些已经上市的公司也是如此。如果服饰企业不最终建立好像互联网企业那种透明、公正、职业经理人制的管理模式，将很难跨越走向国际市场的鸿沟！虽然如此，中国时尚品牌全球化机会也确实已经来到。

二、中国时尚品牌全球化机会已经来到

（一）国家层面

无论是政府还是我们的行业，都已经为中国服饰品牌走向国际市场做了长期的铺垫！从1980年到1990年，我国便立志要成为"世界纺织服装制造中心"，我们在1994年的时候就达到了这个目标。当第一个目标实现后，国家政策又倡导中国必须

---

❶ 宏珏集团官网。

❷ 华丽志.之禾旗下法国品牌Carven的巴黎老店将于9月重装开业，2021[2022-9-11].

❸ 加琳玮.被复星收购一年了，法国奢侈品牌Lanvin到底要怎么翻盘？2019[2022-9-11].

❹ 第一财经.李宁家族收购Clarks，两年收购三个品牌耗资9亿，2022[2022-9-11].

❺ 陈奇锐.雅戈尔和元气森林关联创投基金投资了Alexander Wang，这背后有什么玄机？界面新闻，2022[2022-9-11].

有自己的品牌，要提高对创意的重视。2006年开始，国家政策鼓励大力地发展创意产业，这当然也包括了我们的时尚行业。2017年政府又开启了"中国品牌日"。可以这样说，今天国潮的兴起，与政府长期以来的政策性倡导有着密切关系。

（二）行业层面

若从改革开放20世纪80年代算起到现在，假如以每10年为一个阶段，中国服装产业的发展可以被分为以下五个阶段：

1. 1980年，加工阶段

二十世纪八十年代是加工（为他人作嫁衣）阶段。这个时候无论是加工方式、质量或者管理意识都很薄弱。但这个过程为本土企业赚取了第一桶金。

2. 1990—2000年，品牌意识萌芽阶段

二十世纪九十年代，是为国外品牌加工的过程，使我国的企业开始有了品牌的懵懂意识。诸如李宁、安踏、例外、雅莹等现在市场上较为主流的品牌，几乎都是在这个时期诞生的。

3. 2001—2010年，努力向国际品牌学习

2000年之后，更多的国际品牌进入了中国。对于中国本土品牌，虽然名义上也是"竞争者"，但从更加积极的角度看，他们既教育了中国的消费者，也示范给中国服装品牌到底什么是"品牌"。

4. 2011—2020年，中国品牌快速成长期

2010年，"90后"开始进入主流消费市场。这是一个中国本土时尚品牌快速成长的时期。这其中，李宁2018年发布的"中国李宁"成为国潮兴起的一个标志性事件。在这个时期，另外一个值得关注的力量是中国年轻的设计师品牌。这些品牌的创始人大多海外留学归来，且多毕业于诸如纽约帕森斯时装学院或者伦敦圣马丁艺术设计学院。他们回国创业，大多发力于上海时装周。

5. 2021年之后，中国消费者时尚品位形成阶段

什么是"中国消费者的时尚品位"？到目前为止，流行趋势预测报告主要来自欧美市场，这些报告影响着全球市场。无论是中国本土品牌还是欧美品牌也都在跟随这些报告上的流行要素。国内"60后"到"80后"这批消费群体，大多也是以追随欧美或者日韩流行为主的群体。而"中国消费者时尚品位"是指它既不是

模仿西方，也不是模仿日韩，而是形成自己独有的品位的阶段。这种品位的诞生，与中国传统文化开始被年轻一代接受且引以为豪息息相关，汉服与国潮的流行是最明显的表现。当这种对传统文化的热爱逐步转化为对相关产品的热爱，那么这就有可能形成具有中国文化特点的流行要素。消费者形成具有中国文化特点的时尚消费品位对本土品牌来说是一个重大的机遇。

三、中国时尚品牌有待成长的空间

（一）服装设计不仅仅是视觉设计

现在无论是"国风"设计还是"国潮"，大多还是停留在视觉设计上。这些视觉设计又多以图案与衣服形式为主要表现。但服装设计并不仅仅是视觉设计。一件看上去再好看的衣服，穿了让人感觉不舒适，细节工艺不到位，依然无法成就一个好的品牌。

（二）产品研发

本书开篇介绍过，"产品研发"与"产品设计"不完全一样。"研发"是指"研究与开发"。研发中心通常是指产品技术的"创新"，而产品设计、开发通常是产品技术的"应用"。产品研发中心雇佣对象通常都是拥有博士学位的科学家。比如对于体育品牌来说，其研发中心需要材料科学家、运动医学博士、人体工程技术专家等，而不是一般的服装设计师。

对服装设计与产品研发的投入，也说明了一个品牌在"创新"方面所做的投入力度。而"创新"才是品牌未来发展的根本。

（三）消费者研究

当下，中国时尚企业对消费者的研究做得太少了，既是学术界的薄弱，也是企业对市场调研专业度缺乏理解而导致的。消费者研究是一门科学，其背后涉及社会学、心理学、商业、经济学等，属于跨学科领域。美国品牌强大与他们注重消费者研究有着密切的关系。翻阅顶级相关学术期刊，作者大多为美国学者。并且这些理论不仅仅只是纸上谈兵，而是通过专业的市调公司广泛地服务着企业。

很多企业认为现在有"大数据"，就足以让企业理解消费者了。但事实上，企业现在用到的"大数据"，多为定量数据。这些数据只能告诉我们发生了什么（顾客浏览了什么商品，停留了多久，购买了什么等），但却无法解释为什么顾客会发生这样的行为（顾客为什么买，为什么不买等）。虽然也可以通过一些技术手段与逻辑方法来推理顾客为什么有这样的行为，但是这些数据都不足以解释消费者所有的行为。

在一个真正以"用户为中心"的时代，花费更多时间研究消费者更加重要。

（四）中国时尚定义

（1）当我们谈到"美国时尚"，大众会立刻联想到T恤和牛仔裤，以及美国式的休闲与随意。

（2）当我们谈到"法国时尚"，我们会想到香水和奢侈品，以及法式优雅与精致。

（3）当我们谈到"意大利时尚"，我们会想到他们的皮革与面料，以及意大利的高级成衣。

（4）当我们谈到"日本时尚"，我们会想到由三宅一生、川久保玲创造的日式设计美学语言——融合了侘寂、ZEN（禅意）以及日本当地民俗的理念。

（5）当我们谈到"中国时尚"，我们希望世界人民能想到什么？更重要的是，他们还愿意将这些时尚穿在他们的生活中？只有这样，才是中国时尚走向全球的时代。

（五）文化传播

具有中国文化特色的品牌要得到传播，还需要我们做更多的文化传播。除了大众认为媒体应该负责传播，博物馆也扮演着重要的角色。在西方，即使一个非艺术家非设计师的普通百姓，也常会去博物馆、画廊看展览。中国现在正在形成这样的风潮，现在去博物馆的年轻人越来越多了，这是一个非常值得欣喜的现象。国内也有更多的服装企业在做自己的博物馆，比如美特斯邦威、雅莹、影儿都在做这些事情。

（六）建立中国时尚流行体系

中国到目前还没有形成"中国时尚的流行体系"研究体系，客观上因为我们缺乏足够长期有效的历史流行跟踪系统，因此也缺少历史数据的追踪。但假如我们希望让"中国时尚"真正在文化上形成影响力并在全球产生话语权，那么拥有自己的流行体系依然是非常重要的。

（七）跨境电商，中国时尚品牌弯道超车的机会

传统品牌大多还是想着以开实体店形式占据国际市场，似乎这才是真正的"国际化"，事实上，随着科技的发展以及中国企业借助科技改变商业的能力，"跨境电商"才是最有可能让中国时尚品牌弯道超车国际一线品牌的方式。

如前所述，"跨境电商"的意思是指借助互联网电商技术，直接将货品卖给境外的消费者。这与传统外贸业务很不一样。传统外贸业务属于2B端的采购模式。跨境电商涉及四大要素的"流动"，它们分别是"产品、服务、财务与信息"。本书前面提到的希音，从市场占有率来说，已经是国内在海外市场占有率最高的服饰品牌。可以预计，随着技术的发展以及物流费用的下降，跨境电商很可能会成为弯道超车的机会。

第五节　未来的职场与人才需求

一、时尚业未来有前景的职业

（一）可持续发展

在"BoF时装商业评论"一篇关于"时尚界未来的六大新兴职业"的文章里，致力于改善自然与劳工环境的可持续时尚研究专家被列为最有前景的职业之一。原因是越来越多的消费者趋于理性消费，他们希望商家能够透明化自己的供应链及产品信息，以便让他们确定自己购买的产品不是以污染环境及迫害劳工为代价的。

（二）创意型人才

现实中的设计师许多都遭遇过作品知识版权得不到保护的问题。自己创作的

新款被别人一抄就成了爆款，自己却一分钱没有赚到，但我相信这只是短暂的问题。一方面是因为国家对知识产权的重视程度越来越高，违法成本必然越来越高；另一方面，我们也应该相信，年轻一代更多人的法律意识会更强。不过，时尚圈需要的创意型人才，并不仅仅局限于"设计师"，还包括艺术家、文学家、电影人、音乐人以及装置艺术、当代艺术创作者等。

在消费体验感越来越重要的今天，艺术家、设计师们将扮演着提升"体验感"的角色。一个明显的例子便是商场策划艺术展览、时尚展，也都是这个原因。

从这个角度而言，企业招聘需要不拘一格地招聘人才。不仅仅把选择范围局限在服装设计师，或者时尚 KOL、博主，而是将眼光放宽，艺术家、电影导演、文学家都是可以合作的对象。他们对于打造时尚之美都会有帮助。

（三）美学科普者

美学科普者就是向大众普及美学的人（职业）。如果说设计师、艺术家都是美学的"创造者"，那么市场营销部、形象造型师、穿搭师就是"美学科普者"。在未来，我们既需要更多的"美学创造者"，也需要"美学科普者"。

（四）科技型人才

犹如本章所陈述的，时尚产业正在转型成为科技行业。因此，科技型人才也将更为重要。

（五）混合型人才

混合型人才指"文理兼修"的人。比如"时尚科技工作者"，他们需要既懂时尚又懂科技。AI时尚设计师，AI流行趋势预测者，时尚数据分析师，都是需要文理兼修的岗位。

（六）数智化管理型人才

数字管理现在已经成为管理学科的一个重要的分支。我们以前的管理是比较传统的，但是现在随着数字化的普及，无论是人力资源、财务还是商品、营销、供应链，整个公司的运转都要高度依赖于数字化的管理形式。

就总体而言，作为艺术家、设计师、文科生，需要学会拥抱科技、拥抱数据。作为理科生、数据分析生、科学家，需要学会拥抱人文、美学与时尚。而作为企业，在招聘人才的时候则应该不拘一格，让企业拥有更多元化背景的人才。

 案例六 天意：中国可持续时尚品牌。

小结

1. 可持续时尚要求从业者以对环境、企业、社会负责任的方式发展时尚产业。盈利不再是评估企业好坏的唯一标准。

2. 可持续时尚可以通过材料、循环使用、减少浪费、传统工艺、劳工保护、女性领导力方面入手。

3. 高科技正在对时尚业产生巨大的影响，这些技术影响着我们的行业，包括但不仅限于机器人、AI、3D扫描与打印、镭射裁剪、大数据、云端技术、AR、VR、物联网、区块链、智能穿戴。

4. 中国时尚品牌全球化机会已经来到，但我们需要加强创新及对中国传统哲学与文化的梳理，打造具有中国特色的时尚审美语言体系。

5. 未来的时尚业职场需要的是可持续发展人才、创意型人才、美学科普者、科技型人才、混合型人才与数智化管理型人才。

练习

请使用碳排放计算器计算下自己每年碳排放数量，并思考自己可以如何通过减少或者中和自己的碳排放足迹？

参考文献

[1] 菲利普·科特勒. 营销革命4.0：从传统到数字 [M]. 王赛，译. 北京：机械工业出版社，2018.

[2] 罗兰·巴特. 流行体系 [M]. 敖军，译. 上海：上海人民出版社，2016.

[3] 马歇尔·麦克卢汉. 理解媒介：论人的延伸 [M]. 何道宽，译. 南京：译林出版社，2019.

[4] Allen W M, Gupta A, Monnier A. The Interactive Effect of Cultural Symbols and Human Values on Taste Evaluation[J]. Journal of Consumer Research, 2008, 2 (35): 294–308.

[5] Charters S. Aesthetic Products and Aesthetic Consumption: A Review[J]. Consumption, Markets and Culture, 2006, 9: 235–255, 247.

[6] Chen Ching-Yaw. The Comparison of Structure Differences Between Internet Marketing and Traditional Marketing[J]. International Journal of Management and Enterprise Development, 2006, 3 (4): 397–417.

[7] Lefebvre H, Levich C. The Everyday and Everydayness[J]. Yale French Studies, 1987, 73: 7–11.

[8] Corbellini E, Saviolo S. Managing Fashion and Luxury Companies[M]. Milan: Rizzoli Etas, 2009.

[9] Dominici G. From Marketing Mix to E-Marketing Mix: A Literature Overview and Classification[J]. International Journal of Business and Management, 2009, 4 (9): 17–24.

[10] Eagly A, Carli L. Women and the Labyrinth of Leadership[J]. Harvard Business Review, 2007, 85 (9): 62–71.

[11] Eaton M M. Fact and Fiction in the Aesthetic Appreciation of Nature[J]. The Journal of Aesthetics and Art Criticism, 1998, 56 (2).

[12] Givhan R. The Battle of Versailles: The Night American Fashion Stumbled into the

Spotlight and Made History [M].New York: Flatiron Books, 2016.

[13] Hitt A M, Ireland R D,Hoskisson E R. Strategic Management: Concepts and Cases: Competitiveness and Globalization [M]. 12th edition. Boston: Cengage Learning, 2016.

[14] Hoyer D W,Stokburger-Sauer E N. The Role of Aesthetics Taste in Consumer Behavior [J]. Journal of the Academy of Marketing Science, 2012, 40:167–180.

[15] Jacogy J. Consumer Psychology: An Octennium[J].Annual Review of Psychology, 1976: 331–358.

[16] Kant I. Critique of Judgment (Hackett Classics) [M]. Hackett Publishing, 1987.

[17] Kotler P, Burton S, Deans K, et al. Marketing[M]. 9th edition. NewYork: Pearson, 2013.

[18] Kotler P, Hermawan K, Iwan S. Marketing 4.0: Moving from Traditional to Digital [M]. New Jersey: Wiley, 2016.

[19] Lawrence E, Corbitt B, Fisher J A, et al. Internet Commerce: Digital Models for Business [M]. 2nd edition. New Jersey: Wiley & Sons, 2000.

[20] Lindgaard G, Fernandes G, Dudek C, et al. Attention Web Designers: You Have 50 Milliseconds to Make A Good First Impression[J]. Behaviour & Information Technology, 2006, 25 (2): 115–126.

[21] McCarthy J, Perreault W D Jr. Basic Marketing: A Global Managerial Approach [M]. NewYork: McGraw-Hill/Irwin, 1987.

[22] O'Leary V E,Flanagan E H. Leadership. In J. Worell (Ed.), Encyclopedia of Women and Gender: Sex Similarities and Differences and the Impact of Society on Gender[M]. Oxford: Elsevier Science & Technology, 2001.

[23] Porter M E. Competitive Advantage[M]. New York: The Free Press, 1985.

[24] Prandelli E, Verona G. Marketing in Rete[M]. Milan: McGraw- Hill, 2006.

[25] Sproles B G,Kendall L E. A Methodology for Profiling Consumers' Decision Making Styles [J]. The Journal of Consumer Affairs, 1986, 20 (2): 267–279.

[26] Sunstein R C. Infotopia: How Many Minds Produce[M]. Oxford: Oxford University Press, 2006.

[27] Vernon P E, Allport G W. A Test for Personal Values [J]. The Journal of Abnormal and Social Psychology, 1931, 26 (3): 231–248.

[28] Wahlster W. From Industry 1.0 to Industry 4.0: Towards the 4th Industrial Revolution [J]. Forum Business Meets Research, 2012.

[29] Wang B, Wen L, Zhang Z, et al. Blockchain-Enabled Circular Supply Chain Management: A System Architecture for Fast Fashion [J]. Computers in Industry, 2020, 123: 103324.